数字媒体技术应用专业系列教材

多媒体动画制作

Duomeiti Donghua Zhizuo

史晓云　主编

高等教育出版社·北京
HIGHER EDUCATION PRESS　BEIJING

内容简介

本书从动画初学者的需求出发，以项目为单元，任务与背景知识相结合的形式，系统介绍了基于 Flash CS5 的多媒体动画制作方法和技巧。

本书共分 8 个项目，包括初识 Flash CS5、绘制与编辑图形、设计个性的文本、让画面动起来、特效动画制作、认识元件与实例、实现简单交互控制、综合应用等内容。

本书配套光盘提供源文件和素材，同时还配套网络教学资源，按照本书最后一页“郑重声明”下方的“学习卡账号使用说明”，登录中等职业教育教学在线网站（http://sve.hep.com.cn），可以进行网上学习并下载相关教学资源。

本书内容浅显易懂、图文并茂，可作为中等职业学校计算机应用、数字媒体技术应用专业和各种计算机技能培训相应课程的教材，也适合需要提高自己计算机应用技能的广大计算机爱好者使用。

图书在版编目(CIP)数据

多媒体动画制作 / 史晓云主编. — 北京：高等教育出版社，2012.5
ISBN 978-7-04-035054-8

Ⅰ.①多… Ⅱ.①史… Ⅲ.①多媒体技术－应用－动画－中等专业学校－教材 Ⅳ.①TP391.41

中国版本图书馆CIP数据核字(2012)第056151号

策划编辑 赵美琪　　责任编辑 赵美琪　　封面设计 张申申　　版式设计 马敬茹
责任校对 杨凤玲　　责任印制 张泽业

出版发行	高等教育出版社	咨询电话	400-810-0598
社　　址	北京市西城区德外大街4号	网　　址	http://www.hep.edu.cn
邮政编码	100120		http://www.hep.com.cn
印　　刷	蓝马彩色印刷中心	网上订购	http://www.landraco.com
开　　本	787mm × 1092mm　1/16		http://www.landraco.com.cn
印　　张	11.75	版　　次	2012年5月第1版
字　　数	280千字	印　　次	2012年5月第1次印刷
购书热线	010-58581118	定　　价	39.00元(含光盘)

本书如有缺页、倒页、脱页等质量问题，请到所购图书销售部门联系调换。

物 料 号 35054-00

前言

Adobe Flash CS5是一款优秀的二维动画制作软件。本书通过丰富的情景设定项目，引出任务，再通过每个任务的具体步骤由浅入深地全面介绍Flash动画制作的方法和技巧。所有任务来源于实际应用，内容生活化、情景化，全程图解，更符合中职学生的认知水平，有利于激发他们的学习兴趣，提升他们的操作水平。

全书以项目呈现的方式，通过任务的具体操作引出相关的知识点。通过任务描述——任务目标——任务分析——任务准备——任务实施等环节，引导学生在“学中做”、“做中学”，把基础知识、文化背景的学习和基本技能的掌握有机地结合在一起，在具体的操作过程中培养学生的应用能力；之后通过“任务小结”对知识结构进行梳理，使知识结构更具有逻辑性；再通过“任务拓展”，促进学生巩固所学知识并熟练操作；最后通过“自主创作”进一步提高自主创新能力。在“综合应用”项目中选用Flash实际工作应用领域中的典型案例，包括片头制作和Flash小游戏制作等，全面提升学生的Flash综合应用能力。

本书参考学时为64课时，课时安排如下：

项　　目	讲　　授	实　　践
项目1　初识Flash CS5	1	2
项目2　绘制与编辑图形	2	4
项目3　设计个性的文本	1	2
项目4　让画面动起来	4	8
项目5　特效动画制作	4	10
项目6　认识元件与实例	2	4
项目7　实现简单交互控制	4	6
项目8　综合应用		12
合　　计	18	48

本书配套光盘提供源文件和素材，同时还配套网络教学资源，按照本书最后一页“郑重声明”下方的“学习卡账号使用说明”，登录中等职业教育教学在线网站（http://sve.hep.com.cn），可以进行网上学习并下载相关教学资源。

本书由史晓云担任主编，负责统稿，项目1由史晓云编写，项目2和项目 3 由郑京编写，项目 4 和项目 5 由肖远征编写，项目 6 和项目 7 由冯凯编写，项目 8 由肖远征、冯凯编写。全书由赵亚云老师审阅，在此表示诚挚的感谢！

由于编者水平有限，书中难免存在疏漏与不妥之处，恳请广大读者批评指正，联系邮箱：zz_dzyj@pub.hep.cn。

编　者

2012 年 3 月

目录

项目 1

初识 Flash CS5

Flash CS5是Adobe公司于2010年最新推出的新一代设计开发软件套装Creative Suite 5的主要组件之一，可以制作出各种风格的网络动画、多媒体作品和交互式游戏等。

Adobe 公司总部位于美国加州，由乔恩·沃诺克和查理斯·格什克创建于1982年，是目前世界上第二大桌面软件公司，产品涉及图形设计、图像制作、数码视频和网页制作等领域。除Flash外，主要产品还有Photoshop、Premiere、Dreamweaver、After Effects、Reader等。

学习目标

（1）了解Flash动画的发展、原理、特点及应用领域。

（2）认识Flash CS5软件的工作界面，掌握界面各组成部分的功能并能自主布局。

（3）创建简单的Flash文档。

任务 1.1　感受 Flash 的魅力

1.1.1　任务描述

如图1-1所示，这是一段来自网络（http://www.ogoqz.com/happy.swf）的Flash短片。通过网络，我们能在众多网站寻找到大量令人赏心悦目的Flash动画作品，感受它无穷的魅力及广泛的应用领域。在享受绚丽动画精品的同时，体会Flash强大的功能和小成本制作的卓越优势。

小辞典

常见的Flash文件有两种。

（1）源文件（*.fla）。只有在Flash软件中才可以打开，并能进行编辑和修改。

（2）动画文件（*.swf）。它是Flash动画的一种发布格式，是一个可以独立播放的影片，但无法被编辑。

图 1-1　Flash 作品

1.1.2　任务目标

（1）了解 Flash 的发展过程。
（2）体会 Flash 动画的特点及优势。
（3）通过欣赏作品，了解 Flash 的应用领域。

1.1.3　任务分析

（1）欣赏不同领域的 Flash 动画作品。
（2）记录 Flash 动画文件的相关信息，并尝试进行作品评价。

1.1.4　任务准备

探索 1：Flash 的产生与发展

Flash 是一款非常优秀的交互式二维矢量动画制作软件，它可以将音乐、视频、动画以及富有创意的布局融合在一起，制作出高品质的二维动画作品。

Flash 的前身是 Future Splash，它是为了完善 Macromedia 的拳头产品 Director 而开发的一款用于网络发布的插件，它的出现改变了 Director 在网络上运行缓慢的局面。1996 年原开发公司被 Macromedia 公司收购，其核心产品也被正式更名为 Flash，并相继推出了 Flash 1.0、Flash 2.0、Flash 3.0、Flash 4.0、Flash 5.0、Flash MX、Flash MX 2004、Flash 8。2005 年，Macromedia 公司被 Adobe 公司收购，之后相继推

Director 是 Macromedia 公司开发的一套多媒体制作软件，可以制作网页、商品展示、娱乐性与教育性光盘、企业简报等多媒体产品。

出了 Flash CS3、Flash CS4、Flash CS5。

Adobe 公司把 Flash 与其他产品紧密地联系到一起。目前 Flash 播放器已被植入到各种主流网页浏览器中，只要你随意打开一个网页，就会发现 Flash 动画无处不在。从 Logo 到广告短片，甚至整个网站的制作，几乎都可以看到 Flash 的身影，可以说 Flash 正以其独特的魅力，影响着人们对网络的认识。

由于 Flash 强大的影响力并被广泛应用，使得它日益完善并成为交互式矢量动画的标准。

探索 2：Flash 动画的原理

动画形成原理是源于人眼有“视觉暂留”的特性。所谓“视觉暂留”就是在看到一个物体后，即使该物体快速消失，也还是会在眼中留下一定时间的持续影像。因此所谓动画，就是将多幅静止画面连续播放，利用“视觉暂留”形成连续影像，让我们感觉到图片中的物体在运动，于是产生了动画。

计算机动画分为逐帧动画和矢量动画。帧是动画的基本单位，每帧的内容不同，当连续播放时就形成了动画。制作逐帧动画的工作量很大，主要用于传统动画制作、广告片制作以及电影特技的制作等方面。矢量动画的原理是在两个有变化的帧之间创建动画，而不需要将每一帧都进行绘制。Flash 是目前使用最广泛的矢量动画制作软件。

探索 3：Flash 动画的特点

1．矢量绘图，体积小，品质高

Flash 动画的图形系统是基于矢量技术的，只需存储少量数据就可以描述一个相对复杂的对象，与位图相比数据量大大降低，有效解决了网络中多媒体与大数据量之间的矛盾。此外，矢量图可以无限放大，而不会失真。

2．使用“流媒体技术”，适合网上传播

SWF 是一种流式动画格式，Flash 影片（*.swf）可以在动画文件全部下载完之前播放已经下载的部分，这样用户可以边下载边观看，大大缩短了下载等待的时间。

3．强大的交互功能

Flash CS5 使用 ActionScript 3.0（简称 AS）作为编程工具，还有可以快速创建互动控制功能的“行为”面板。如在 Flash 动画可以加入滚动条、复选框、下拉菜单和拖动物体等各种交互式组件，Flash 还支持表单交互，被广泛应用于电子商务领域的网站中。

小辞典

Flash 播放器是指独立的 SWF 格式文件播放器，或安装于浏览器的 Flash 插件（Flash Player Plugin），使浏览器得以播放 SWF 文件。目前使用的播放器版本为“Flash Player 11”。

小辞典

物体在大脑视觉神经中停留的时间约为 1/24 秒。如果每秒更替 24 张或 24 张以上的画面，就会形成动画。动画播放速度的单位是 fps，f 是英文单词 Frame（画面、帧），p 是 Per（每），s 是 Second（秒）。用中文表达就是“帧每秒”或每秒多少帧。

小辞典

矢量图使用直线和曲线来描述图形，这些图形的元素是点、线、多边形和圆等，它们都是通过数学公式计算获得的。矢量图的特点是放大后图像不会失真，和分辨率无关，文件占用的存储空间较小。

位图是由像素组成的。放大位图时，可以看见构成整个图形的方块。位图的质量由分辨率决定，单位面积内的像素越多，分辨率越高，图像的效果就越好。位图可以表现更加丰富的层次及色阶，但文件体积大。

ActionScript 是 Flash 的脚本语言，通过 ActionScript 编程，可以实现各种动画特效、对影片的良好控制、强大的人机交互，以及与网络服务器的交互功能。

4．丰富的动画输出格式

Flash 是一款优秀的图形动画文件的格式转换工具，它可以将动画以 SWF、AI、GIF、QuickTime 和 AVI 等多种文件格式输出，也可以帧的形式将动画插入到其他视频作品中，如插入到多媒体应用程序 Director 制作的影片中。

5．可扩展性

通过第三方开发的 Flash 插件程序，可以方便地实现一些以往需要非常繁琐的操作才能实现的各种动态效果，大大提高了创作 Flash 影片的工作效率。

小辞典

插件是为了增强 Flash 的功能而开发的可以安装在 Flash 中的外挂程序。插件都是起辅助作用的，如可以实现自动保存、画特殊符号、骨骼动画等。

探索 4：Flash 动画的应用领域

Flash 动画以其精巧的身姿、绚丽的画面畅游于网络世界，其互动内容已经成为创造网页活力的标志。目前 Flash 技术已广泛应用于音乐、广告、传媒、游戏等众多领域，在愉悦人们心情的同时，开拓出无限商机。

1.1.5 任务实施

1．安装 Flash 播放器

安装 Flash 播放器，如“Flash Player 11”。

2．欣赏 Flash 动画

（1）输入网址 http://www.ucdcom.com/WebSite/index.asp，可以欣赏到精美的 Flash 网站，如图 1-2 所示。

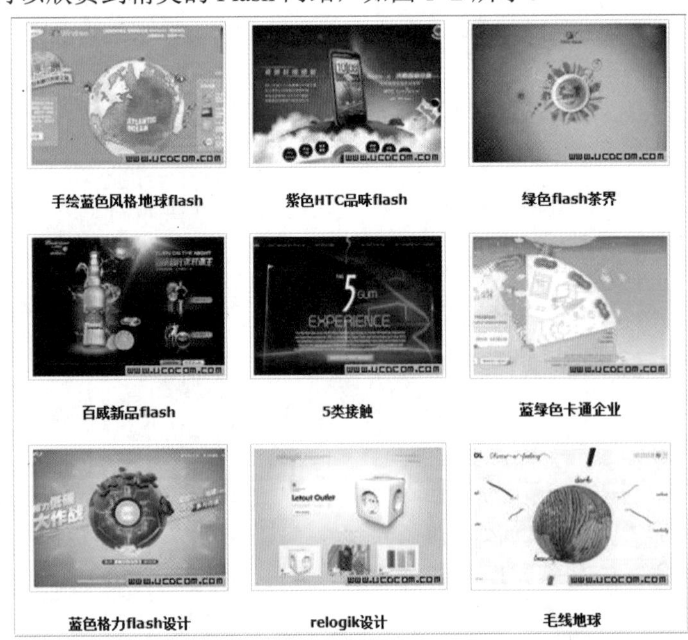

图 1-2 Flash 网站

Flash 动画很适合网络环境，各大网站都有 Flash 动画的身影，如网站片头、Logo、网页广告等。又因其具有一定的交互性，因此适合制作各种动态网页。

（2）输入网址 http://www.pcedu.pconline.com.cn/carton，可以欣赏 Flash 宣传短片、小品和 MTV，如图 1-3 ～图 1-6 所示。

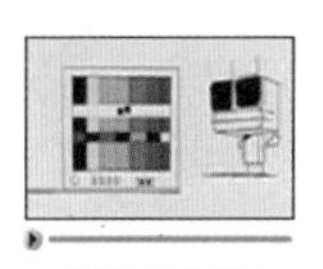

The Neighbourhood -

图 1-3　Flash 宣传短片

图 1-4　Flash 动漫

动漫设计主要通过漫画、动画结合故事情节形式，以平面二维、三维动画、动画特效等相关表现手法，形成特有的视觉艺术创作模式。而随着动漫产业的快速发展，动漫设计已成为高薪“朝阳产业技能”的代表。

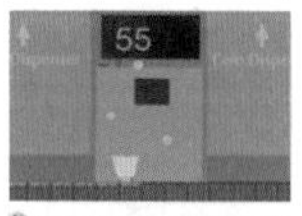

图 1-5　Flash MTV

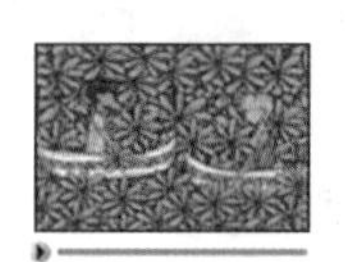

图 1-6　Flash 贺卡

（3）输入网址 http://game.people.com.cn/GB/48603/index.html，可以进入 Flash 互动游戏世界，如图 1-7 所示。

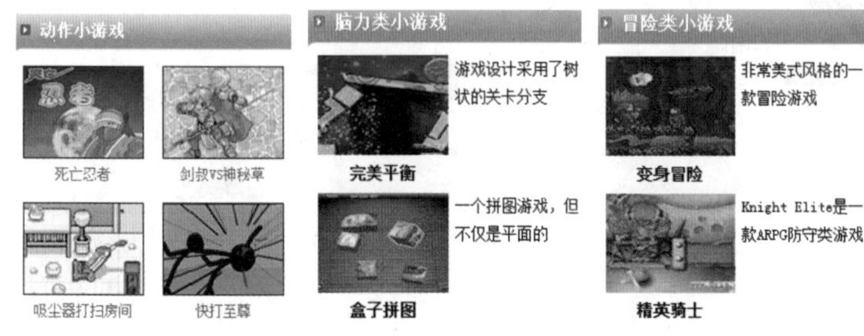

图 1-7　Flash 游戏

能利用 Flash 制作游戏是许多学习者的目标。随着 ActionScript 动态脚本编程语言的发展，可以通过编制复杂的程序来实现游戏功能，制作出各种有趣的互动游戏。

（4）输入网址 http://jy1122.com，可以分享精品课件，如图 1-8 所示。

（5）输入网址 http://www.ixvx.com/chinese/flash，单击“Flash 多媒体光盘”，可以看到用 Flash 制作的多媒体光盘案

例，如图 1-9 所示。

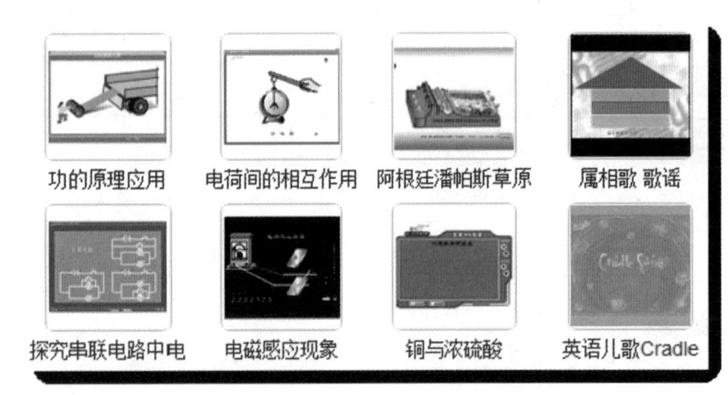

图 1-8　Flash 课件

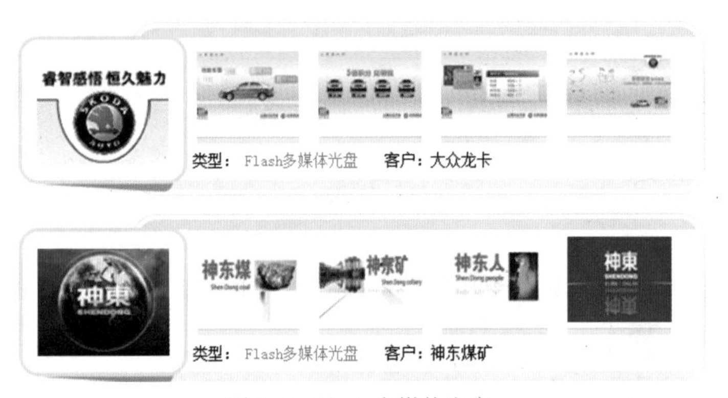

图 1-9　Flash 多媒体光盘

（6）输入网址 http://www.flash88.net/search/index.asp，可以下载手机 Flash，如图 1-10 所示。

图 1-10　手机 Flash

3．记录你最欣赏的 3 个 Flash 文件的相关信息，填在表 1-1 中。

表 1-1　Flash 文件相关信息

文件名或主题	类型（如广告类）	文件大小	作品特点 1	作品特点 2

Flash 多媒体课件可以通过图形、图像、声音和动画效果来表现教学内容，是取得良好教学效果的实用方法之一。通过 Flash 多媒体课件，可以提高教学内容的表现力和感染力；可以提示各种教学信息；可以用于对学习过程进行诊断、评价和引导；可以提高学习积极性；可以控制学习过程。

多媒体光盘作为一种标准化的形象宣传和产品推广工具，受到越来越多企事业单位的青睐。随着 Flash 的普及，Flash 多媒体光盘因其交互性强、易于展示和宣传、制作成本低、易于制作、易于网络传播等优势，给多媒体光盘的制作手段带来了变革。

手机 Flash，顾名思义，就是手机上播放 Flash，是手机动画的一种。现在手机动画有很多种格式，但以 Flash 为标准的 Flash Lite 最为出色。很多终端都预装了播放器，而且用户已经习惯了桌面 Flash，所以 Flash 成为非常具有潜力的一个标准。

1.1.6　任务小结

通过网络欣赏，我们体会到了 Flash 的强大优势和广泛的应用领域，感受到了 Flash 给我们的生活带来的冲击和快乐。

1.1.7　任务拓展

1. 任务描述

网上有很多“闪客”的 Flash 作品，你可以欣赏并下载喜欢的作品。

2. 任务分析

如果想得到好的 Flash 作品，可以通过网上提问或交流的形式，搜索、积累国内外优秀的 Flash 相关网站，并根据内容分类存放信息，与他人分享。

3. 操作提示

（1）根据要搜索的内容或类型，选择相关的主题网站或综合性网站。除前面提到的网站以外，还可以选择：

- 我要学 Flash 网（http://www.51xflash.com/）
- 闪吧（http://www.flash8.net/）

（2）搜索 Flash 动画文件的链接地址。

（3）选择下载方式，如“迅雷下载”。

“闪客”，就是指做 Flash 动画的人。所谓“闪”就是指 Flash（英文单词本意是指闪光、闪现），而“客”则是指从事某事的人。“闪客”这个词源于中国闪客第一站“闪客帝国”网站。

1.1.8　自主创作

1. 任务描述

要想成为一名“闪客”或优秀的 Flash 动画师，首先要有好的想法和创意。选择自己喜欢的主题，构思一个动画作品。如设计一个多场景的贺卡、MTV、宣传片、动漫作品等。

2. 任务要求

完成动画作品的前期构思。

（1）编写剧本。用一段话简单描述作品的主题和大概情节。

（2）简单描述或绘制角色造型和背景。

（3）尝试编写分镜头画面台本，可参考如下实例。

Flash 动画制作一般流程：

一、前期

1. 编写剧本
2. 撰写导演阐述
3. 人物造型和背景风格设定
4. 制作文字和画面分镜头台本
5. 先期音乐和先期对白录制
6. 动作和摄影的风格试验

二、中期

1. 导演讲解分镜头
2. 动作设计和动画的制作
3. 背景绘制
4. 校对检查
5. 全片镜头和特效的制作

三、后期

1. 素材剪辑
2. 音乐、对白和音效的制作
3. 双片鉴定
4. 混录
5. 多格式输出

场景：校园的林荫小径
时间：黄昏时分
人物：女中学生
镜头 1：远景 正 女生走来
镜头 2：特写 移 女生的脚（缓缓前行，插镜头 3，然后停住）
镜头 3：特写 移 路边的景物（校园的花坛、建筑等）
镜头 4：近景 正（侧）女生身边叶子缓缓而落，女生抬头
镜头 5：全景 升（俯）女生抬头（树叶为前景）
（镜头淡出，出字幕）

分镜头是制作动画的依据，它确定了动画的镜头关系、镜头的时长、画面的构成、场景的布局、角色的表演方式和运动路线，是动画制作的不可缺少的基础。

任务 1.2 创建一个简单的 Flash 文档

1.2.1 任务描述

在了解了 Flash 的背景知识后，我们要进入 Flash CS5 的工作界面，体验建立 Flash 文档的整个过程，如图 1-11 所示。

Flash CS5 的操作环境与 Photoshop CS5、Dreamweaver CS5 风格一致。

图 1-11 创建 Flash 文档

1.2.2 任务目标

1. 了解 Flash 的工作界面。
2. 掌握 Flash 文档的基本操作，包括新建、导入、保存、打开和测试等。
3. 能利用模板创建简单的 Flash 文档。

1.2.3 任务分析

Flash CS5 的工作界面继承了以前版本的功能，都采用面板、栏、窗口等元素来进行动画创作，但看起来更加美观、大方，操作起来更加方便、快捷。要想使用好 Flash CS5 软件，必须了解其工作界面及各部分功能。之后通过建立和发布 Flash 文档，掌握其基本的操作命令和完整的操作过程。

1.2.4 任务准备

探索 1：认识 Flash CS5 的工作界面

（1）启动 Flash CS5。我们首先看到的是开始页，如图 1-12 所示。从这里可以选择从哪个项目开始工作。

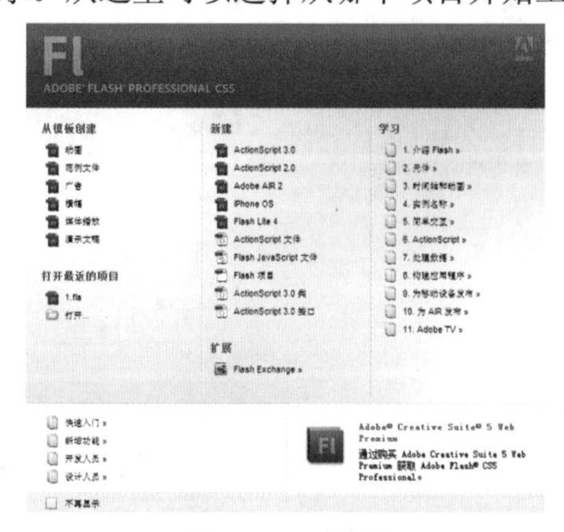

图 1-12　开始页

（2）在“新建”区选择“ActionScript 3.0”或“ActionScript 2.0”，进入 Flash CS5 的工作界面，如图 1-13 所示。

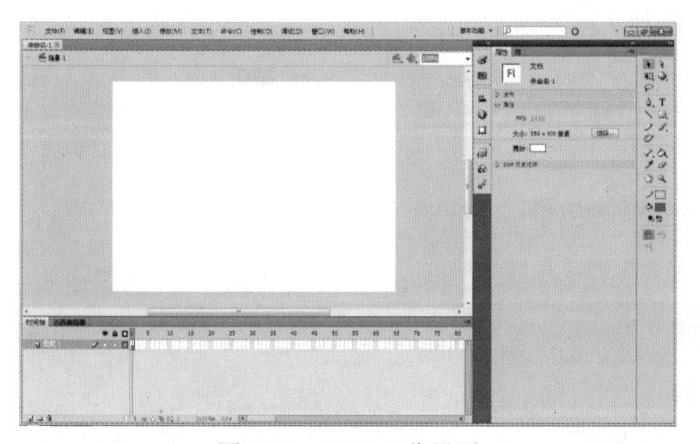

图 1-13　Flash 工作界面

开始页分三栏。

（1）从模板创建：列出了创建文档的常用模板类型，从中选择一种模板，就可以按模板格式快速创建出不同风格的 Flash 文档。

该栏下方“打开最近的项目”区中可以查看和打开最近使用过的文档。

（2）新建：在 Flash CS5 中可以创建的文档很多。如创建支持 ActionScript 3.0 的动画文档。

该栏下方“扩展”区用于链接到 Flash Exchange 网站。在该网站中可以下载助手应用程序、扩展功能及相关信息。

（3）学习：提供了 11 项关于 Flash CS5 的学习内容，选择其中一项，即可进入 Adobe 官方网站进行交互式学习。

要隐藏开始页，可以在下方勾选“不再显示”复选框，则下次启动时不再出现开始页，而自动新建一个空白的 Flash 文档。如果想恢复显示，可在启动 Flash 后，选择【编辑】→【首选参数】命令，在“常规”类别中选中“显示欢迎屏幕”即可。

① 菜单栏。共有 11 组菜单命令，如图 1-14 所示。这些命令包含了 Flash 的大部分操作命令。

文件(F) 编辑(E) 视图(V) 插入(I) 修改(M) 文本(T) 命令(C) 控制(O) 调试(D) 窗口(W) 帮助(H)

图 1-14 菜单栏

② 设置工作布局。默认工作布局为“基本功能”，如想切换到 Flash CS4 以前的布局，可以选择“传统”。

③ 工具栏。也称“工具”面板，它提供了用于图形绘制和编辑的各种工具，如图 1-15 所示。利用这些工具可以绘制图形、创建文字、填充颜色等。按功能可分为六部分：选取工具、绘图工具、颜色工具、查看工具、颜色设置区域、选项区域等。打开和关闭工具栏可选择【窗口】→【工具】命令。

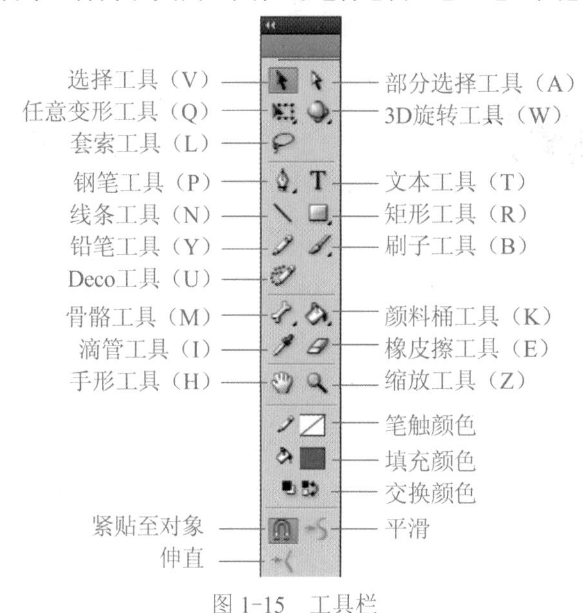

图 1-15 工具栏

④“时间轴”面板。用于组织和控制文档内容在一定时间内播放的图层和帧数。“时间轴”面板分为两个部分：图层和时间轴，如图 1-16 所示。双击时间轴标签，可以隐藏 / 显示“时间轴”面板。

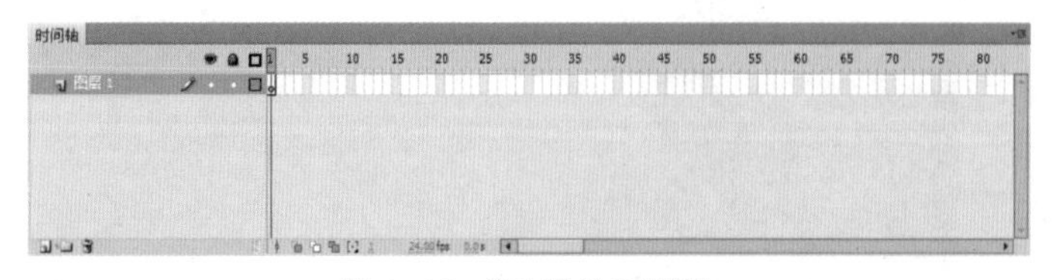

图 1-16 “时间轴”面板

⑤ 舞台和场景。在动画编辑窗口中，整个区域叫做场

小辞典

【文件】菜单：用于文件操作，如创建、打开、保存等。

【编辑】菜单：用于基本的编辑操作，如动画元素的复制、粘贴等。

【视图】菜单：用于对环境外观和版式的设置，如放大、缩小场景等。

【插入】菜单：用于插入不同性质的元素，如插入场景和图层、关键帧等。

【修改】菜单：用于修改动画中对象的属性，如元件、时间轴、场景等。

【文本】菜单：用于设置文本属性，如字体、大小等。

【命令】菜单：用于命令的管理，可以删除已保存的命令或通过添加命令来扩充菜单，如管理保存的命令等。

【控制】菜单：用于动画的播放、测试和控制。

【调试】菜单：用于调试动画，如调试影片。

【窗口】菜单：用于窗口的操作，如打开、切换窗口。

小提示

（1）在某些工具右下角有小黑三角按钮，如，这表示存在一个工具组。单击该工具并按住鼠标不放可显示出该工具组中所有的工具。单击所需要的工具，则会显示在工具栏中。

（2）单击工具栏上方的双箭头按钮，则可以将工具栏折叠为图标，再次单击可以展开工具栏。这种操作方法适合所有面板。

小技巧

按 F4 可以显示 / 隐藏工具栏及所有面板，拖曳工具栏顶部的灰条可以移动工具栏。

景。我们可以在整个场景中进行图形的绘制和编辑工作，但是最终动画仅显示图 1-13 所示白色区域中（也可能是其他颜色，由文档属性设置）的内容，我们把这个区域称为舞台。在场景的右上角有 2 个按钮，分别为“编辑场景”和“编辑组件”；此外还可以通过选择“比例”的值改变舞台的显示比例，如图 1-17 所示。

图 1-17　舞台和场景

探索 2：调整工作界面布局

Flash CS5 包括了多种可以折叠、移动和任意组合的面板，可以方便用户进行各种编辑操作，如设置对象属性、创建库、修改组件等。在制作动画的过程中，有时会因为制作的需要或用户的习惯，在某种工作布局的基础上对工作界面进行更改。这时就涉及对面板的操作。除了默认工作界面中显示的“属性”和“库”面板外，用户可以任意增加、删除、组合其他面板，如图 1-18 所示。

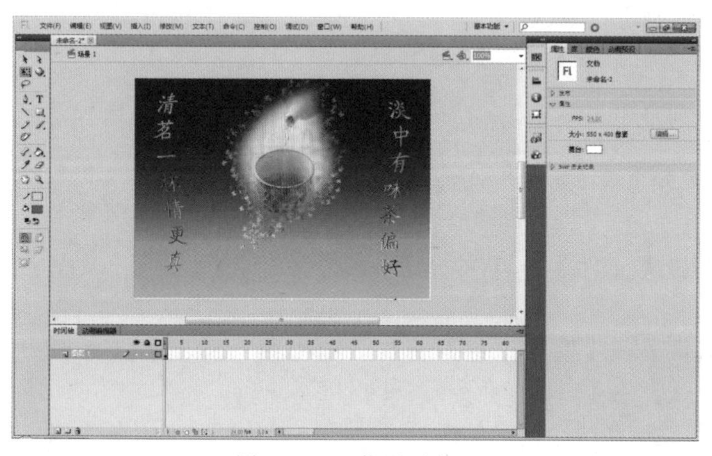

图 1-18　工作界面布局

小提示

一个动画可以有多个场景。单击“场景”选项卡可以切换到不同场景中。

小辞典

“属性”面板：用于设置当前选定对象的基本属性。选定对象不同，“属性”面板上出现的设置选项将会不同。

“库”面板：用于存储用户创建或导入的媒体资源，以及包含已添加到文档的组件。

“动画预设”面板：是一种预先配置好的补间动画，可以直接将它们应用于舞台上的对象。

“行为”面板：用于在不编写 ActionScript 代码的情况下为动画添加交互效果。

“对齐”面板：用于调整选定的一个或多个对象的对齐方式和分布方式。

“颜色”面板：用于创建和编辑“笔触颜色”和“填充颜色”。

（1）启动 Flash CS5，选择“基本功能”布局。

（2）拖曳工具栏面板标签，移动到工作界面的右侧，将鼠标放置边框处，调整其大小。

（3）选择【窗口】→【颜色】命令，打开“颜色”面板，拖曳其标签到“库”面板标签处，即可组成新的面板组。用同样操作，增加“动画预览”面板到面板组。

（4）如果要关闭“动画编辑器”面板，可右击面板标签，选择“关闭”命令。

【窗口】菜单中的面板名称前面标记有“√”时，表示该面板当前是打开的。

1.2.5 任务实施

（1）在工作界面选择【文件】→【新建】命令。

（2）在“新建文档”对话框中，默认选择文件类型 ActionScript 3.0，单击“确定”按钮。

（3）选择“传统”工作布局。

（4）单击用户界面右上角的“属性”面板，查看该文件的舞台属性。

（5）在“属性”面板中，设置当前舞台的大小为 550 像素 ×400 像素，背景色板设置为白色，单击色板并选择其他颜色，即可更改舞台颜色。

（6）选择【文件】→【导入】→【导入到舞台】命令，导入“背景 .jpg”文件。

（7）选择【文件】→【另存为】命令，命名为“黄山”，这样就会产生一个 Flash 源文件“黄山 .fla”。

（8）要想打开该源文件，可单击【文件】→【打开】命令，选择“黄山 .fla”即可。

（9）在制作好 Flash 动画后，对动画进行测试。

① 在舞台中播放动画。单击【控制】→【播放】命令或按 Enter 键。

② 发布或发布预览。

单击【文件】→【发布设置】命令，在“格式”选项卡中勾选 Flash（.swf）格式。

方法一：发布 SWF 文件。单击【文件】→【发布】命令。

方法二：发布预览。单击【文件】→【发布预览】→【Flash】命令或【控制】→【影片测试】→【测试】命令。

测试后会在源文件所在目录内自动产生一个同名的影片文件“黄山 .swf”。

按组合键“Ctrl+N”可以打开“新建”对话框。

小辞典

除了可以导入图片，还可以导入动画、影片等文件。

除了可以发布 Flash 影片（.swf）外，还可发布图像、放映文件（.exe）、.html 文件等。

按组合键“Ctrl+Enter”也可进行测试。

1.2.6 任务小结

在了解和认识 Flash 工作界面的基础上合理布局，并完成 Flash 文档的创建和最终发布，是后续学习的必备技能。

1.2.7 任务拓展

1. 任务描述

“补间动画的动画屏蔽层”模板展示了 Flash 最核心的动画效果，利用它可以快速创建一个动画文件。

2. 任务分析

（1）准备一张图片素材。

（2）新建模板。

（3）导入图片。

（4）发布动画。

3. 操作提示

（1）启动 Flash CS5，进入操作界面。单击菜单【文件】→【新建】命令，弹出“新建文档”对话框。

（2）单击“模板”选项卡，选择“动画”类型中的“补间动画的动画遮罩层”模板，如图 1-19 所示。

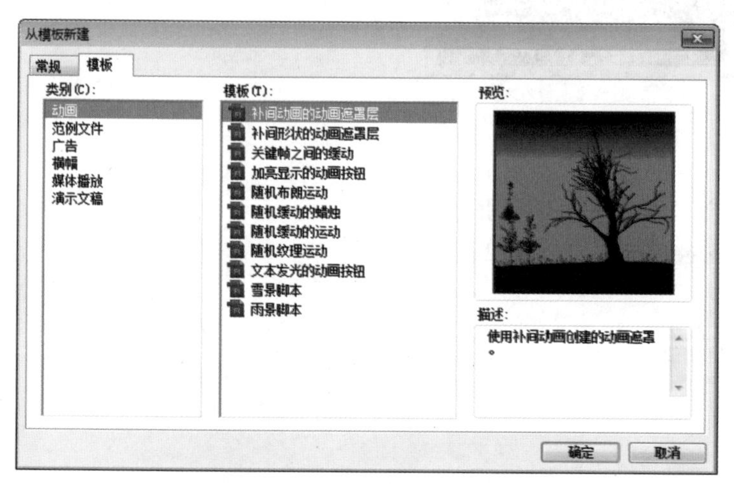

图 1-19 “模板”选项卡

（3）阅读说明。

（4）右击内容图层的第一帧，选择“清除关键帧”命令，然后在此位置导入图片“松 .jpg”。

小辞典

在“从模板创建”对话框中，选择“动画”类别，可以看到很多的文件模板，如“补间动画的动画遮罩层”、“补间形状的动画遮罩层”、“关键帧之间的缓动”，还有“雪景脚本”和“雨景脚本”等。

在“模板”的“范例文件”类型中，提供了“IK 范例”、“菜单范例”、“按钮范例”、“日期倒计时范例”、“手写范例”、“嘴形同步”等。

在“模板”中还有“广告”、“横幅”、“媒体播放”、“演示文档”等类别。其中“高级相册”、“简单相册”、“简单演示文档”、“高级演示文档”等模板，为学习者提供了快速上手制作专业 Flash 作品的可能。

（5）保存为“松 .fla”文件。选择【文件】→【保存】命令。

（6）测试影片。选择【文件】→【发布预览】→【Flash】命令。

1.2.8 自主创作

1．任务描述

“高级相册”是一种媒体播放类模板，只要提供图片，就能迅速创建一个能交互的电子相册，如图 1-20 所示。

图 1-20　高级相册

2．任务要求

（1）在某一目录下建立“相册”文件夹，并将 4 张相片复制到该文件夹中，分别命名为“image1.jpg”、“image2.jpg”、“image3.jpg”、“image4.jpg”。

（2）将新建的“高级相册”保存在“相册”文件夹中，命名为“我的相册 .fla”。

（3）发布预览。

（1）相册要求外部图像。

（2）图像应与 .fla 和 .swf 文件放置在同一目录。

（3）要添加或删除图像，可在“动作”图层中编辑 hardcodedXML 变量的 XML。

（4）要自定义设置，可打开“动作”面板并选择“动作”图层。

（5）要编辑背景，可对“背景”图层解锁并编辑其中的内容。

项目 2

绘制与编辑图形

绘制与编辑图形是制作动画的基础，是完成每个精彩动画的前提。我们可以利用 Flash CS5 强大的绘图工具、选取工具和颜色工具来完成绘制与编辑图形的任务。

学习目标

（1）了解常用绘图工具的功能。

（2）掌握利用绘图工具绘制简单图形的方法。

任务 2.1　使用绘图工具——描绘我的职业生涯

2.1.1　任务描述

每个人都有自己的职业愿景，确立适合自己的目标，并向着它去不断攀登，就会取得成功。请使用绘图工具来描绘自己的职业生涯，如图 2-1 所示。

图 2-1　我的职业生涯

（1）职业生涯就是一个人的职业经历，它是指一个人一生中所有与职业相联系的行为与活动，以及相关的态度、价值观、愿望等连续性经历的过程，也是一个人一生中职业、职位的变迁及工作、理想的实现过程。

（2）对世界有深远影响的职业愿景：

① 改变生活（change lives）

② 改变组织（change organizations）

③ 改变世界（change the world）

例如，一个宾夕法尼亚大学生的职业愿景：当 IBM 把它未来 100 年的战略愿景定位为创造一个智慧的地球的时候，我深刻地意识到，研究的最终意义是将实验室的研究成果转变成为商业社会的产品，只有这样才能真正高效地造福人类。所以我的职业愿景是成为一名从实验室走出来的创业者，能够将计算机领域的研究成果产品化，惠泽更多的人群。

2.1.2 任务目标

（1）了解线条工具、铅笔工具、钢笔工具、椭圆工具、多角星形工具等常用工具的使用方法。

（2）初步运用绘图工具来进行创作。

2.1.3 任务分析

“我的职业生涯”这一任务看似复杂，其实只需要用绘图工具依次把各部分绘制出来，就可完成。

（1）运用线条工具和钢笔工具绘制阶梯和标杆。

（2）运用椭圆工具和铅笔工具绘制小人。

（3）运用多角星形工具绘制星形愿景。

（4）运用文本工具插入简单文字“职业愿景”。

2.1.4 任务准备

绘图工具存放在工具箱的中部，如图 2-2 所示，它们从上至下依次是钢笔工具、文本工具、线条工具、矩形工具、铅笔工具、刷子工具、Deco 工具。

图 2-2 绘图工具区

探索：绘图工具的使用

（1）钢笔工具。单击钢笔工具，如图 2-2 所示，这时在窗口右侧的“属性”面板中会显示相应属性，如图 2-3 所示，可以依次进行相应设置。单击钢笔工具右下角的按钮，打开下拉列表框，可以选择钢笔工具的各种相关操作，如图 2-4 所示。在工具箱下方的选项区域中，会显示钢笔工具的两个选项：“对象绘制”和“紧贴至对象”，如图 2-5 所示。先选取钢笔工具，再设置属性值，最后进行自由绘图。

（2）线条工具。单击线条工具，在右侧的“属性”面板

小辞典

绘图工具按功能可以分为以下三类：

（1）线条工具用于绘制任意角度的直线。

（2）铅笔工具和钢笔工具用于绘制简单的任意形状的线条。

（3）椭圆工具和矩形工具（包括多角星形工具）用于绘制各种几何图形。

小辞典

钢笔工具的作用是绘制直线和曲线，也可调整曲线的曲率。

小提示

钢笔工具绘制直线的方法：将鼠标指针移至舞台上直线的起点位置并单击，可指定所绘直线的起点，然后在终点位置单击，即可绘制一条直线段。

当结束直线的绘制时，可根据情况执行相应的操作：

（1）绘制一条开放路径，可在最后一个节点的位置双击，或单击工具箱中的钢笔工具按钮，还可以按住 Ctrl 键在路径外的任意位置单击。

（2）绘制一条闭合路径，可将钢笔工具指针放置到第一个节点上，当靠近钢笔尖的位置出现一个小圆圈时，单击或拖动鼠标即可闭合路径。

中可以看到它的属性，如图 2-6 所示。先选取线条工具，然后在“属性”面板中设置属性值，再绘制任意粗细的线条。

图 2-3　钢笔工具“属性”面板

图 2-4　钢笔工具相关操作

图 2-5　钢笔工具选项

图 2-6　线条工具“属性”面板

（3）矩形工具。单击矩形工具，在右侧的“属性”面板中可以看到它的属性，如图 2-7 所示。单击矩形工具右下角的黑色三角按钮，打开下拉列表框，可以选择绘制其他形状的工具，如椭圆工具、多角星形工具等，如图 2-8 所示。先选取矩形工具（也可选取椭圆工具、多角星形工具等），然后在“属性”面板中设置属性值，再绘制任意大小的图形。

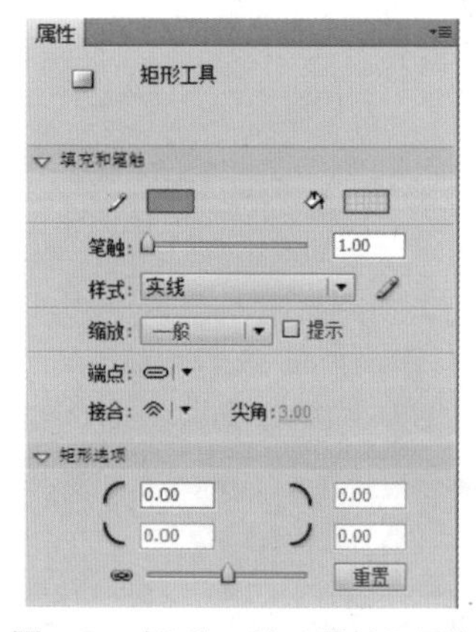

图 2-7　矩形工具“属性”面板

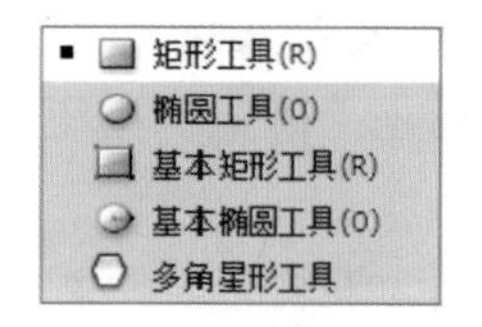

图 2-8　矩形工具相关操作

小提示

钢笔工具绘制曲线的方法：将鼠标指针移至开始曲线的位置，并按下鼠标左键，此时舞台上将出现第一个节点，并且钢笔尖将变为箭头形状，向想要绘制曲线段的方向拖动鼠标，将会出现曲线的切线手柄，结束时释放鼠标，将指针放在结束位置，其余与直线结束方法相同。

小辞典

线条工具用于绘制直线。

小辞典

铅笔工具用于绘制各种线条。属性和操作方法与线条工具类似。

小技巧

矩形工具的快捷键是 R。

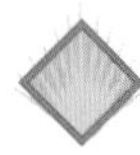
小辞典

矩形工具用于绘制矩形、正方形或多角星形。

（4）Deco 工具。单击 Deco 工具，在右侧的“属性”面板中可以看到它的属性，如图 2-9 所示。在“属性”面板的“绘制效果”选项组中选取“树刷子”，再在“高级选项”选项组中选取“圣诞树”，如图 2-10 所示。然后绘制一棵圣诞树，鼠标多停留一会儿，树就会茂密些，如图 2-11 所示。

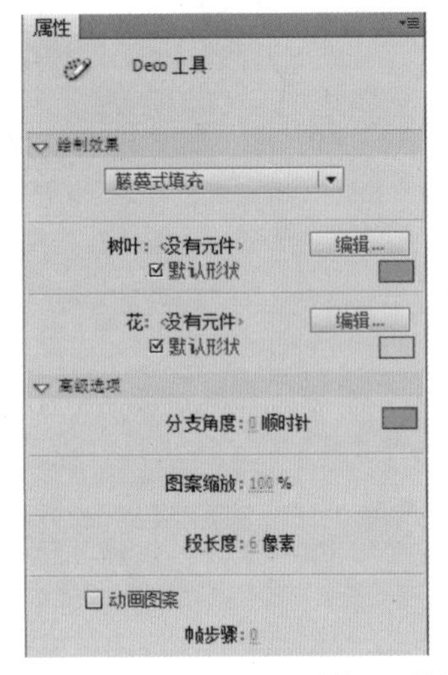

图 2-9　Deco 工具“属性”面板

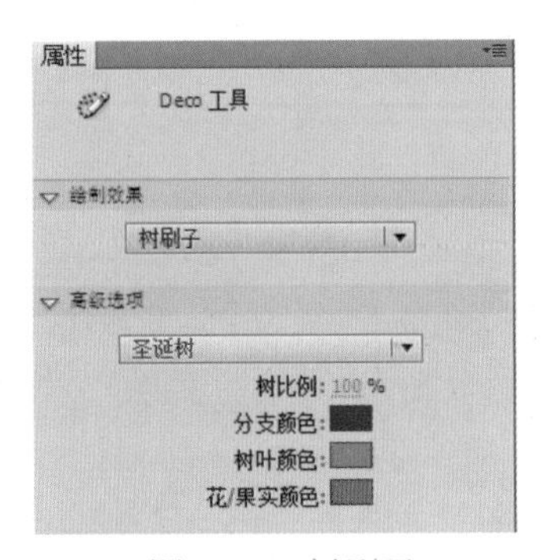

图 2-10　树刷子

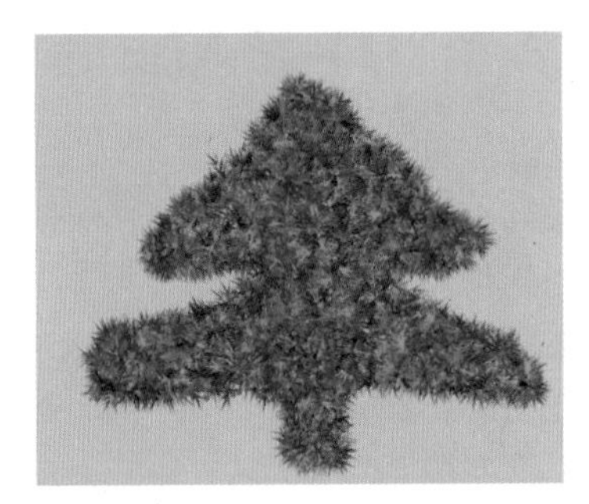

图 2-11　绘制圣诞树

还可利用藤蔓式填充、网格填充等，再绘制任意样式的矢量色块。

2.1.5　任务实施

（1）新建一个 Flash 文档，在“常规”选项卡中选择 ActionScript 3.0 或 ActionScript 2.0，单击“确定”按钮，如图 2-12 所示。

（2）选择钢笔工具，设置填充颜色为渐变色，笔触值为 2.75，其余均为系统默认值，如图 2-13 所示。

小辞典

Deco 工具是一种类似“喷涂刷”的填充工具，使用 Deco 工具可以快速完成大量相同元素的绘制，也可以应用它制作出很多复杂的动画效果。将其与图形元件和影片剪辑元件配合，可以制作出效果更加丰富的动画效果。

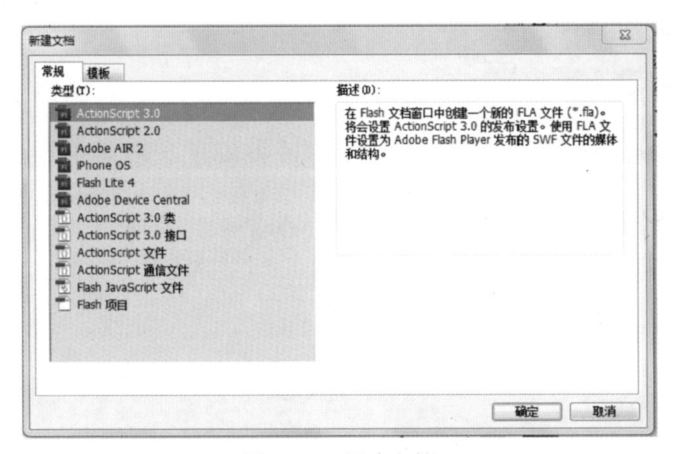

图 2-12　新建文档

图 2-13　设置钢笔属性

（3）用钢笔工具绘制阶梯，如图 2-14 所示。继续用钢笔工具绘制阶梯的下半部分，如图 2-15 所示。

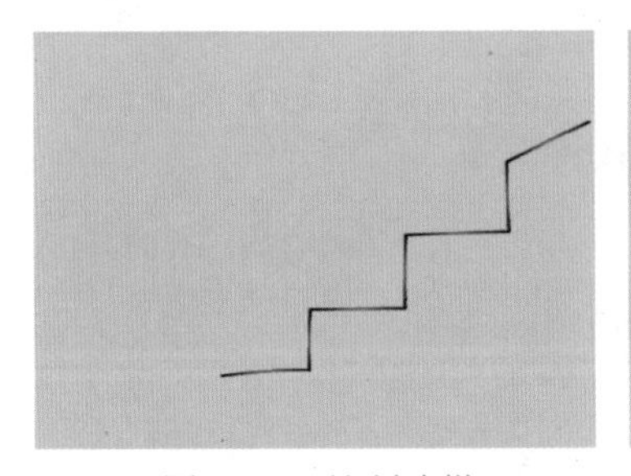

图 2-14　绘制阶梯

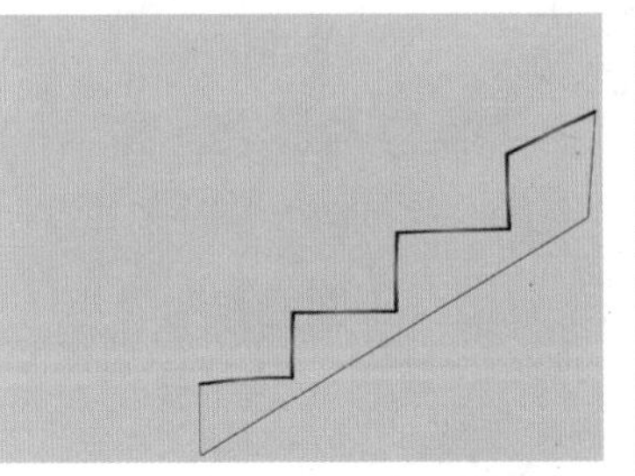

图 2-15　绘制阶梯的其余部分

（4）选择线条工具，如图 2-16 所示，设置笔触色为彩虹渐变色，填充色为无，笔触值为 8.90，其余均为系统默认值，如图 2-17 所示。用线条工具在阶梯的最上层绘制一根标杆，如图 2-18 所示。

小辞典

选择 ActionScript 3.0 或 ActionScript 2.0 来创建支持 ActionScript 3.0 或 ActionScript 2.0 的动画文件。

小技巧

钢笔工具的快捷键是 P。

小技巧

选择路径，用“钢笔工具”在路径边缘单击，右下角出现“+”或“-”符号时，表明此处将增加或减少一个路径点。

图 2-16　选择线条工具　　　　图 2-17　设置线条属性

如果需要精确指定笔触样式时，可单击“样式”右侧的“▼”按钮，在下拉列表中提供了极细线、实线、虚线、点状线、锯齿线、点刻线、斑马线七种线型可选择。

（5）用鼠标指向这根标杆的下部，进行拉伸，使其更具艺术性，如图 2-19 所示。

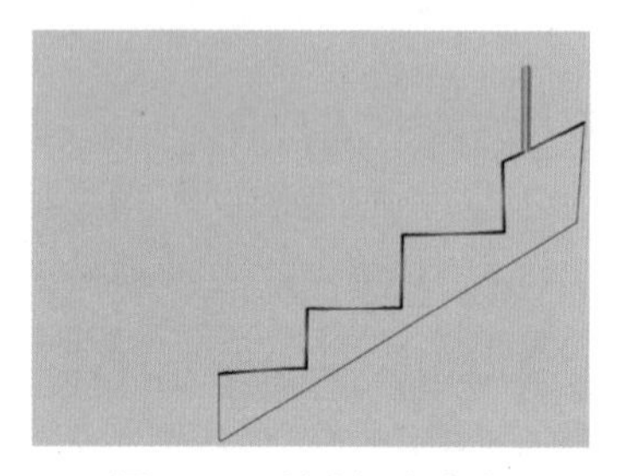

图 2-18　绘制一根标杆　　　　图 2-19　拉伸标杆

线条工具的快捷键是 N。

（6）选择椭圆工具，如图 2-20 所示，设置笔触色和填充色均为 #00FF00，笔触值为 6.00，其余均为默认值，如图 2-21 所示。

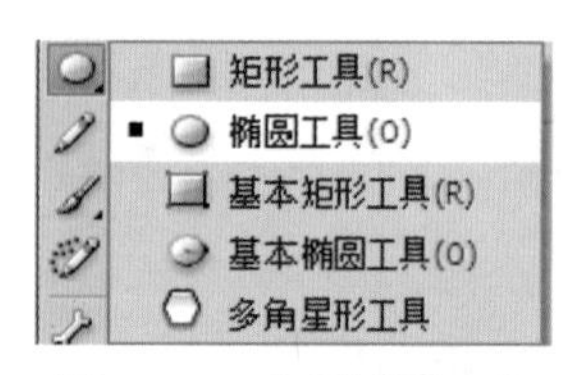

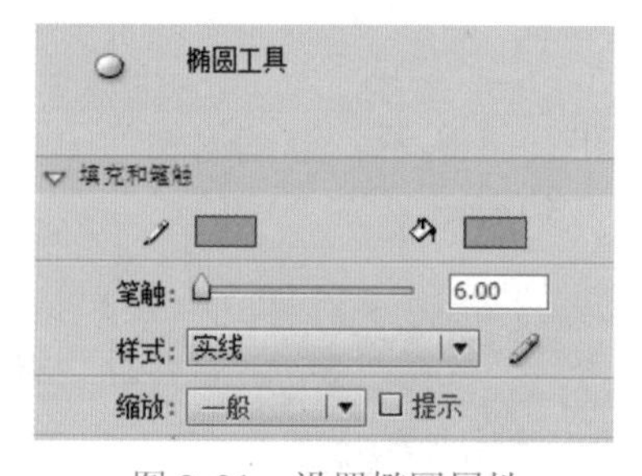

图 2-20　选择椭圆工具　　　　图 2-21　设置椭圆属性

若此时“属性”面板没有显示在窗口中，可选择【窗口】→【属性】命令。

使用椭圆工具绘制正圆的方法：在绘制的同时按住 Shift 键即可。

（7）用椭圆工具在阶梯的恰当位置画一个圆，作为“小人”的头，如图 2-22 所示。

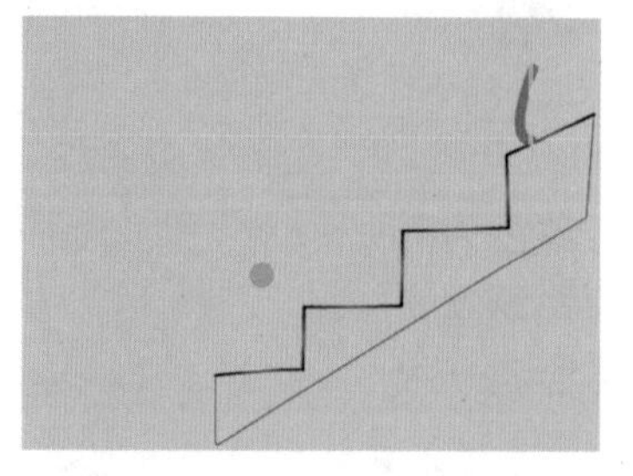

图 2-22　绘制“小人”的头

“基本椭圆”和“椭圆”最大的区别就是它可以自由实现扇形的绘制。使用“选择工具”或“部分选取工具”选择椭圆外部的控制点进行移动，随着移动位置的改变可以变成不同角度的扇形。

（8）选取铅笔工具，如图 2-23 所示，设置笔触色均为 #00FF00，笔触值为 6.00，其余均为默认值，如图 2-24 所示。

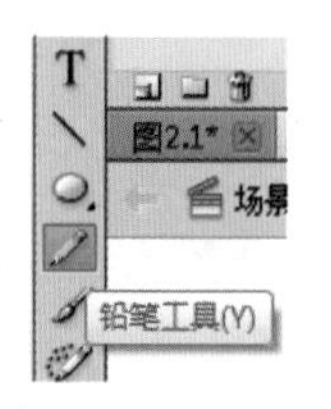

图 2-23　选取铅笔工具

图 2-24　设置铅笔属性

（9）用铅笔工具绘制“小人”的身体和四肢，如图 2-25 所示。

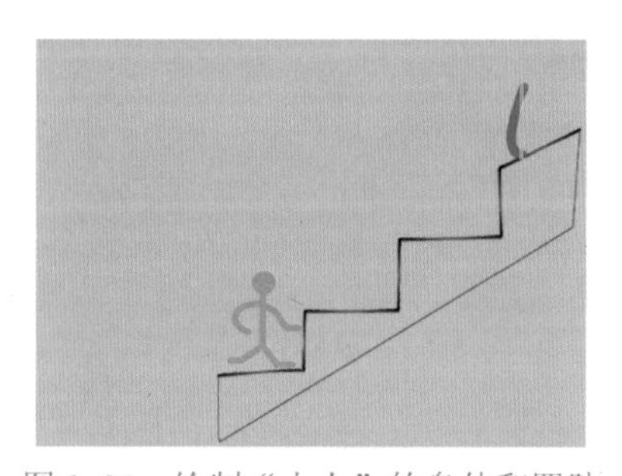

图 2-25　绘制“小人”的身体和四肢

（10）用同样的方法在第二、三级阶梯上也绘制出两个小人来，如图 2-26 所示。

图 2-26　绘制第二、三个小人

（11）选取多角星形工具，如图 2-27 所示，设置笔触色和填充色均为渐变色，笔触值为 5.00，“工具设置”选项组中的“样式”设置为星形，边数为 5，星形顶点大小为 0.50，其余均为默认值，如图 2-28 所示。用多角星形工具在标杆顶端绘制“愿景”的星形标志，如图 2-29 所示。

此时工具箱底部提供了铅笔工具可设置的选项，单击“铅笔模式”图标，将会显示该工具的三种绘画模式：

（1）伸直：可以尽可能地将鼠标经过的路径转换为直线。

（2）平滑：可绘制较为平滑的曲线。

（3）墨水：可绘制任意形状的线条，路径将最接近鼠标经过的轨迹，以创建手绘效果。

铅笔工具可以绘制直线，也可以绘制曲线。

绘制过程中，按住 Shift 键，可绘出与水平方向成 45° 角的线条。

在工具设置的“样式”下拉列表中有两个选项可选择：多边形、星形，可以确定所绘图形是多边形还是星形。

图 2-27　选取多角星形工具　　图 2-28　设置多角星形属性

小辞典

“边数”选项用于指定多边形的边数或星形的角数，其取值范围为 3 ～ 32。

图 2-29　绘制星形标志

（12）选取文本工具，如图 2-30 所示，设置字符系列为华文行楷，大小为 20.0 点，其余均为默认值，如图 2-31 所示。用文本工具写出“职业愿景”字样，如图 2-32 所示。

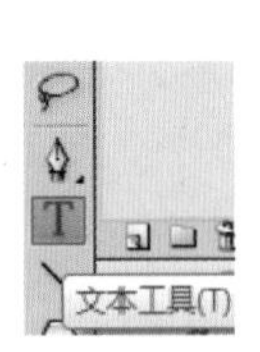

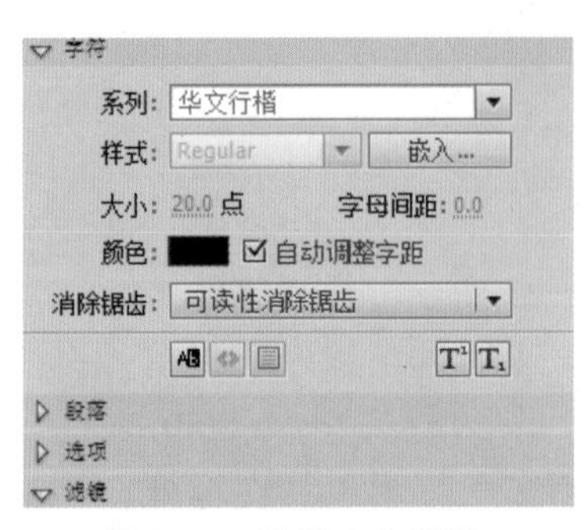

图 2-30　选取文本工具　　图 2-31　设置文本属性

小技巧

文本工具的快捷键是 T。

图 2-32　输入“职业愿景”字样

（13）保存为“我的职业生涯 .fla”。

2.1.6　任务小结

完成这个任务之后，我们明白了：每个精彩的画面都是由不同的基本图形构成的。Flash CS5 有着强大的绘图功能，只要我们用好线条工具、铅笔工具、钢笔工具、椭圆工具、矩形工具、多角星形工具等，大胆创作，就能绘制出精美的图形来！

2.1.7　任务拓展

1．任务描述

利用学过的绘图工具绘制孙悟空的面具，如图 2-33 所示。

图 2-33　孙悟空面具

2．任务分析

用绘图工具可以绘制出各种不同的图形。通过观察，我们不难分析出这个孙悟空面具是三个椭圆、两个交叉圆、一段圆弧及一个特殊形状组合而成的。我们可以依次选用椭圆工具、铅笔工具及钢笔工具绘制得到。

面具是人们内心世界的一个象征，它是一种遍布全球、纵观古今的重要文化现象，它以丰富的文化内涵和特殊的外在形式，为学术界所重视。我国是面具产生最早、流行时间最长的国家之一，直到今天仍然可以看到它的影子，继续在我国民众心理上、民俗上、文化上和艺术上发挥作用。

3．操作提示

（1）新建一个 Flash 文档。

（2）将图层 1 重命名为“面具”，选取椭圆工具，设置填充色为 #FF6666，绘制一个椭圆。

（3）新建图层 2 并命名为“上白脸”，选取基本椭圆工具，设置填充色为 #FFFFFF，绘制一个大圆。

（4）新建图层 3 并命名为“下白脸”，选取基本椭圆工具，设置填充色为 #FFFFFF，在大圆的下方绘制一个小圆与其叠加。

（5）新建图层 4 并命名为“红脸”，选取铅笔工具，设置笔触颜色为 #FF3300，绘制一个心形图案，再用选取钢笔工具调整上方的形状为弧形。

（6）新建图层 5 并命名为“眼睛”，选取椭圆工具，设置填充颜色为由黑到黄的径向渐变，左、右各绘制一个眼睛。

（7）新建图层 6 并命名为“嘴”，选取铅笔工具，设置笔触颜色为 #999999，绘制一段圆弧，如图 2-34 所示。

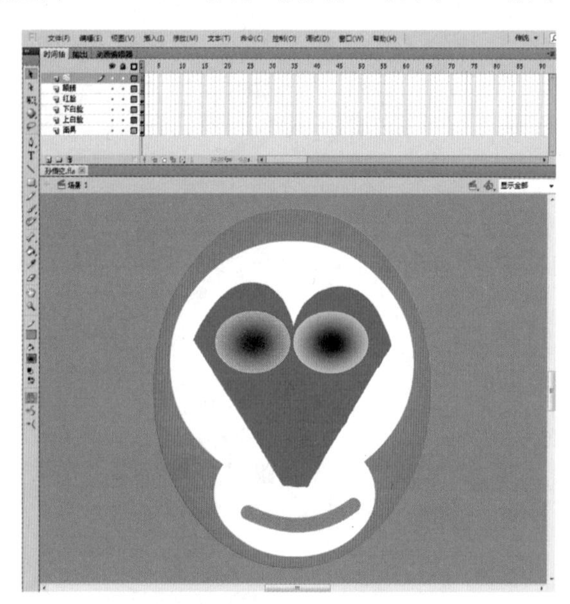

图 2-34　制作孙悟空面具

（8）保存为“孙悟空面具 .fla”。

2.1.8　自主创作

1．任务描述

请运用绘图工具设计出一款你喜欢的面具。

小辞典

图层就像透明的玻璃片一样，在舞台上一层层地向上叠加。

在创建了一个新的 Flash 文档之后，它仅包含一个图层，可以添加更多的图层，以便在文档中组织插图、动画和其他元素。我们可以隐藏、锁定图层。

小提示

图层的基本操作：

（1）新建图层：单击“时间轴”面板左下方的“新建图层”按钮，可在选中的图层上方添加一个新图层。

（2）删除图层：单击图层窗口右下方的“删除”按钮，也可以删除当前选取的图层。

（3）隐藏或显示图层：单击“时间轴”面板右上方的“隐藏或显示所有图层”按钮，就可隐藏或显示当前图层。

小提示

为防止修改一个图层上的对象时，影响到其他图层上的对象，可以把现在不编辑的图层全部锁定。在绘制面具时，除当前图层外，最好把其余图层锁定。

锁定或解锁图层：单击“时间轴”面板右上方的“锁定或解锁图层”按钮，就可锁定或解锁当前图层。

2．任务要求

（1）运用绘图工具进行绘制。

（2）为便于修改，把不同内容放置在不同的图层中。

任务 2.2　使用选取工具——修改我的职业生涯

2.2.1　任务描述

“我的职业生涯”已经描绘好了，美好的职业愿景就在眼前，但图中有一些不尽如人意之处，请用 Flash CS5 中的选取工具选取和修改，实现如图 2-35 所示的效果。

Flash 选择工具使用时会出现阴影和方框两种形式，出现阴影代表所选对象是矢量图形，出现方框代表所选对象已转换成元件。

图 2-35　修改后的职业生涯

2.2.2　任务目标

（1）理解选择工具、部分选取工具、套索工具、任意形变工具、3D 旋转工具的功能。

（2）学会运用选取工具选择和修改对象。

2.2.3　任务分析

在 Flash CS5 中，可使用选取工具对编辑区的对象进行选择和修改。

（1）用选择工具选取和美化“小人”，使其更具动感。

（2）用部分选取工具选取“阶梯”，调整形状。

（3）用套索工具选取“星形”和“职业愿景”。

小辞典

选取工具的主要功能就是选取用户需要的对象，对其进行移动、变形、修改等操作。

（4）用任意变形工具对“星形”和“职业愿景”进行修改。

（5）用 3D 旋转工具对“星形”进行旋转。

2.2.4　任务准备

选取工具存放在工具箱的上部，如图 2-36 所示，它们从上至下依次是选择工具、部分选取工具、任意变形工具、3D 旋转工具、套索工具。

探索：选取工具的使用

（1）用选择工具分别选择边线或图形。使用椭圆工具绘制一个带边线的椭圆。选取选择工具并单击边线就可选择椭圆的边线，如图 2-37 所示，再用选择工具单击椭圆的内部就选择了椭圆，如图 2-38 所示。

图 2-36　选取工具

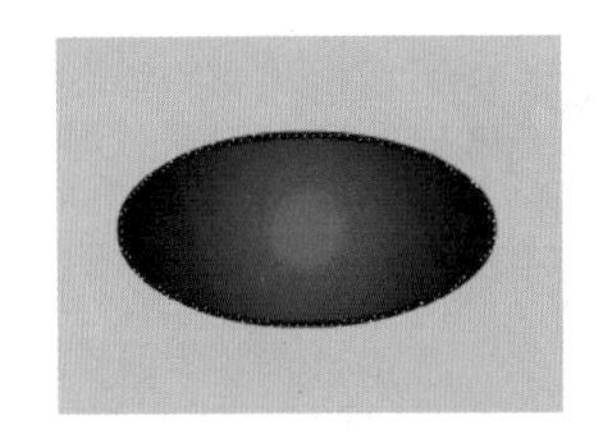

图 2-37　选择椭圆图形边线

（2）用选择工具同时选择边线和图形。使用选择工具双击这个带有边线的椭圆图形，就可同时选择椭圆的边线和图形，如图 2-39 所示。

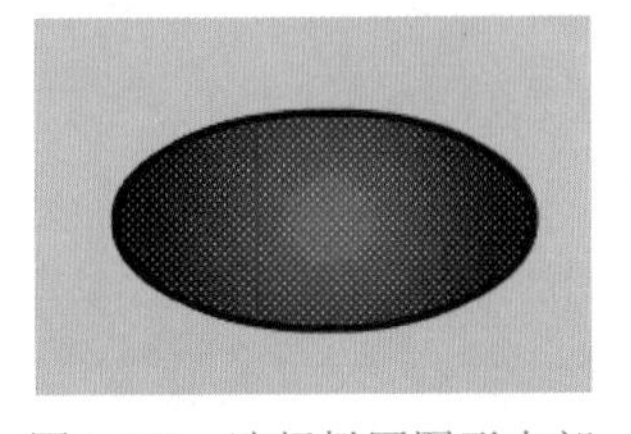

图 2-38　选择椭圆图形内部

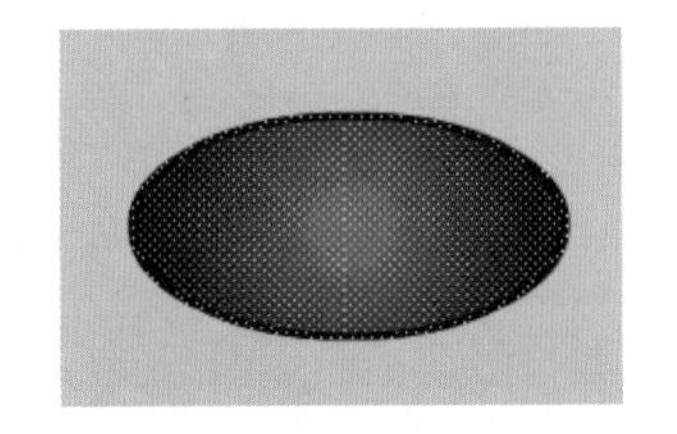

图 2-39　选择椭圆图形的全部

（3）用选择工具选择图形的一部分。使用选择工具按住鼠标并拖动可选择半个椭圆，如图 2-40 所示。

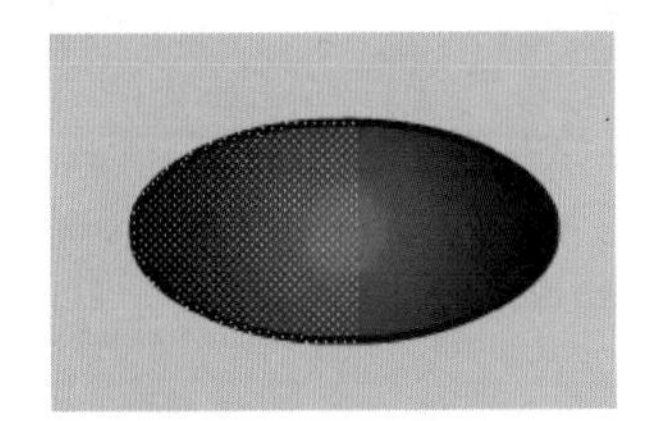

图 2-40　选择椭圆图形的一半

单击选择工具后，在工具箱下方的选项区会出现三个附属工具按钮。

（1）贴紧至对象：作用是将两个对象连接在一起。单击此按钮，使用选择工具拖曳某一对象时，光标出现一个圆圈，将它向其他对象移动时，所选对象会自动吸附上去。

（2）平滑：对路径和形状进行平滑处理，消除多余的锯齿，柔化曲线。

（3）伸直：对路径和形状进行平直处理，消除路径上多余的弧度。

选择工具的作用是选择和改变形状。

选择工具的快捷键是 V。

使用选择工具选择和改变形状的过程中，还可以配合快捷键的使用而增加更多的功能。

（4）用选择工具改变形状。先绘制一条直线，如图 2-41 所示，使用选择工具接近直线时，在它的黑色箭头下会出现一个“小弧线”，这时按住鼠标向下拖动，就可以将直线改变为弧线，如图 2-42 所示。

使用选择工具时，同时按住 Alt 键拖动为复制操作，按住 Shift 键为多选图形操作。

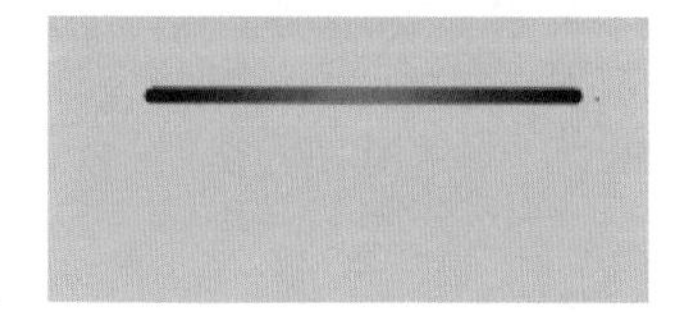

图 2-41　选取直线

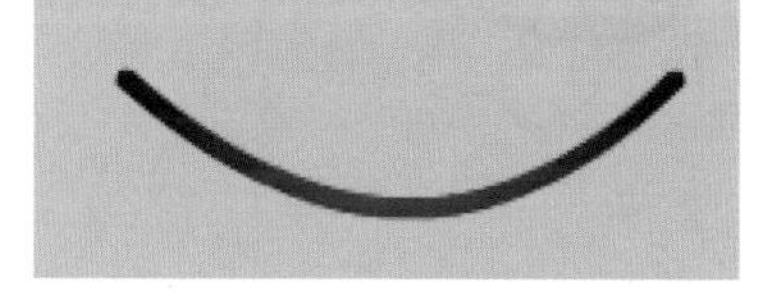

图 2-42　改变成弧线

（5）用部分选取工具通过移动节点改变形状。使用部分选取工具在椭圆边线上单击，周围会出现一些节点，将鼠标移到这些节点上，光标右下角会出现一个小正方形，如图 2-43 所示，这时拖曳该节点可改变椭圆的形状，如图 2-44 所示。

部分选取工具的作用是移动或改变形状。

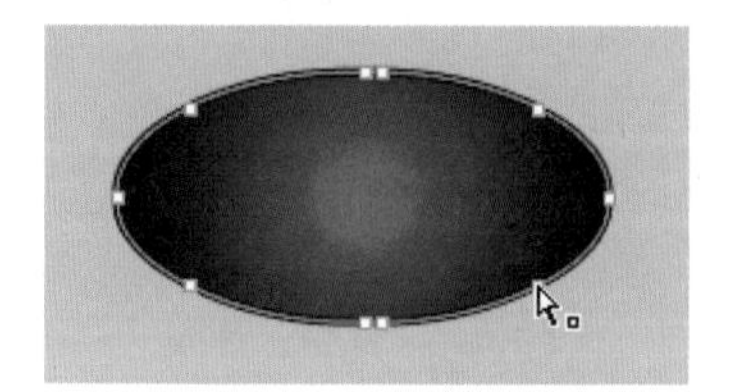

图 2-43　选取椭圆

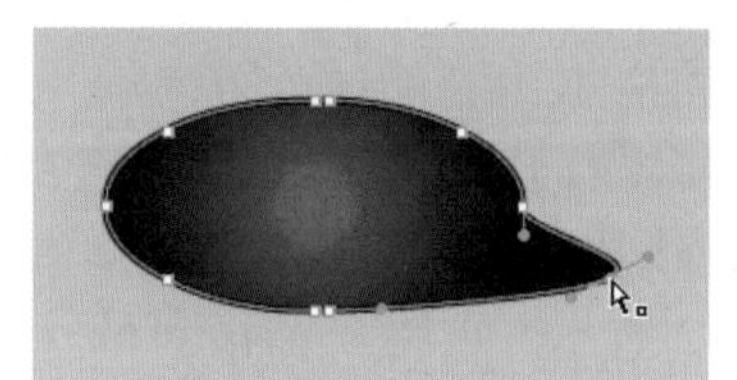

图 2-44　改变椭圆形状

（1）部分选取工具的快捷键是 A。

（2）使用部分选取工具可以通过框选或按住 Shift 键来选取多个图形。

（3）使用部分选取工具选取任意一个节点，按下 Delete 键可删除这个节点，从而改变形状。

（6）调整路径点的控制手柄改变弧度。在使用部分选取工具移动路径点时，两端会出现调节路径弧度的控制手柄，这时选中的路径点将变为实心，如图 2-45 所示，拖曳该路径点的控制手柄可改变它的弧度，如图 2-46 所示。

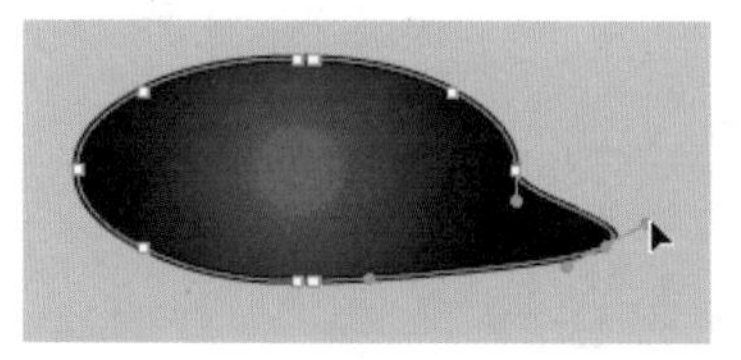

图 2-45　选取路径点的控制手柄

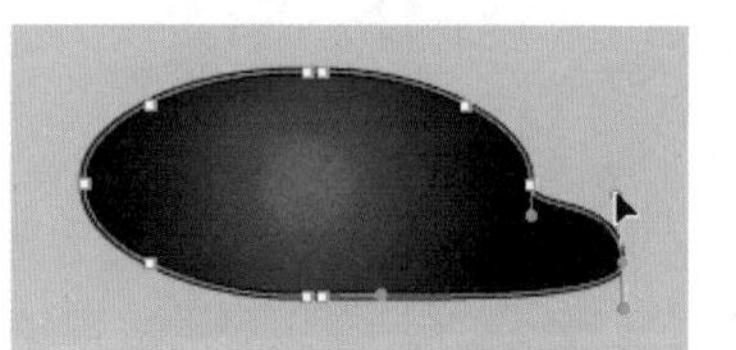

图 2-46　改变路径点的弧度形状

（1）任意变形工具可以用于旋转、倾斜、缩放、扭曲、封套等操作。

（2）任意变形工具对图形的缩放、扭曲、封套等操作与“旋转与倾斜”类似。

（7）用任意变形工具旋转与倾斜图形。单击任意变形工具，在工具箱下方会出现选项区，选择“旋转与倾斜”按钮，拖动鼠标可以使图形旋转与倾斜，如图 2-47 和图 2-48 所示。

（8）用 3D 旋转工具旋转图形。先将图形转换为元件，选择【修改】→【转化为元件】命令，在弹出的对话框中填写名称为“3D”，如图 2-49 所示。

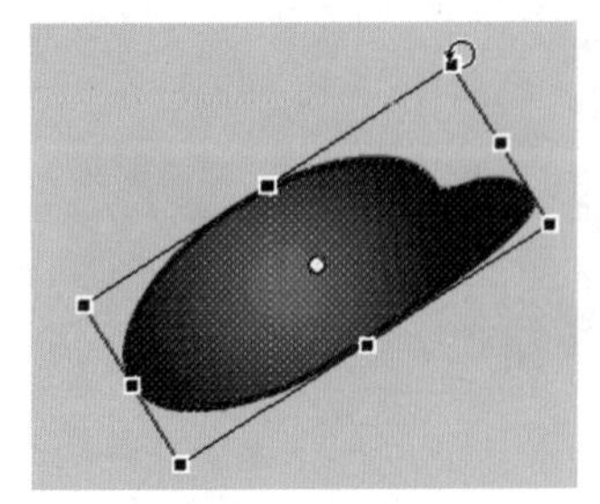

图 2-47　将图形旋转

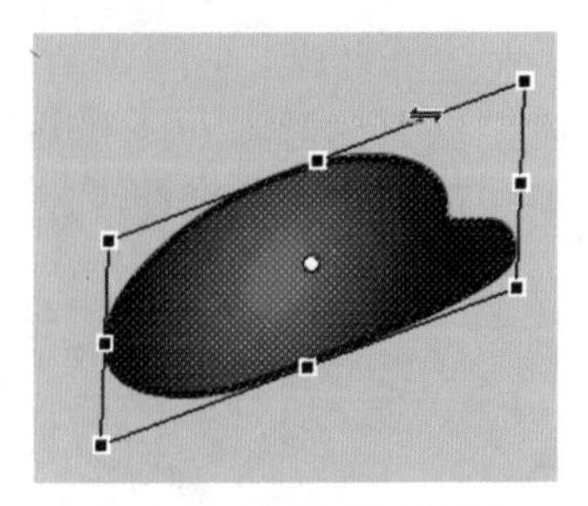

图 2-48　将图形倾斜

图 2-49　转化为元件

选取该元件，先将鼠标移到 x 轴，使其按逆时针方向旋转约 60°角，如图 2-50 所示；再将鼠标移到 y 轴，使其按顺时针方向旋转约 45°角，如图 2-51 所示；再将鼠标移到 z 轴，使其从上至下翻转，如图 2-52 所示；再将鼠标移到最外层任意旋转轴，旋转任意角度，如图 2-53 所示，体验任意旋转。

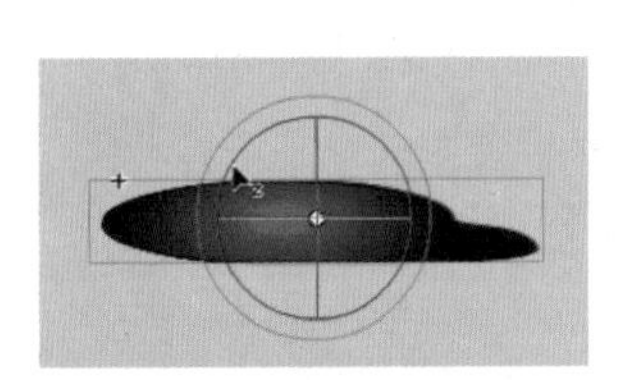

图 2-50　沿 x 轴旋转

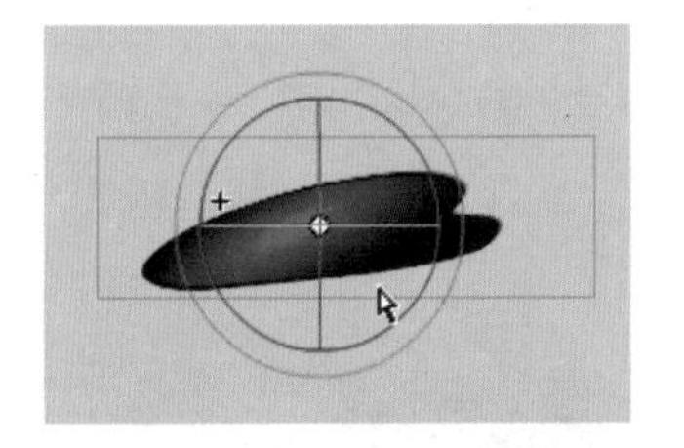

图 2-51　沿 y 轴旋转

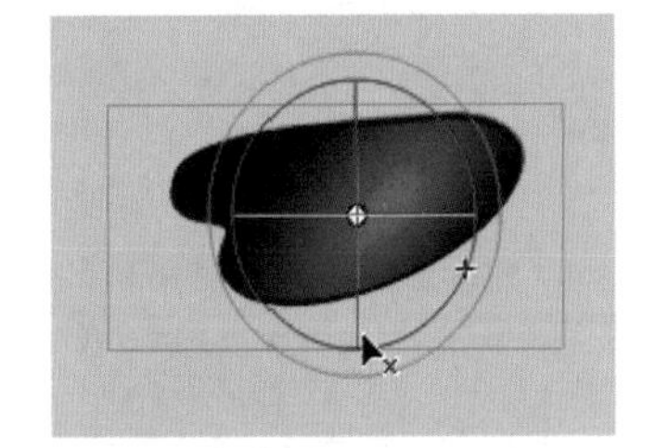

图 2-52　沿 z 轴旋转

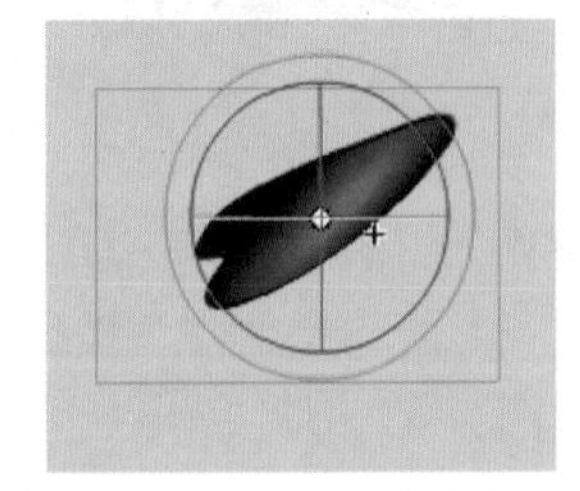

图 2-53　沿任意轴旋转

（9）用套索工具选择不规则的对象或区域。

小提示

（1）用 3D 旋转工具前，需新建 ActionScript 3.0 的文档。

（2）用 3D 旋转工具时，需先将对象转换为元件。

（3）用 3D 旋转工具时，选取元件，会看到在其周围出现了多条旋转轴，分别是 x、y、z 和任意旋转轴。

单击【文件】→【导入】命令，导入“沙漠 .jpg”文件，如图 2-54、图 2-55 所示。用选取工具选择沙漠，单击【修改】→【分离】命令将其分离。

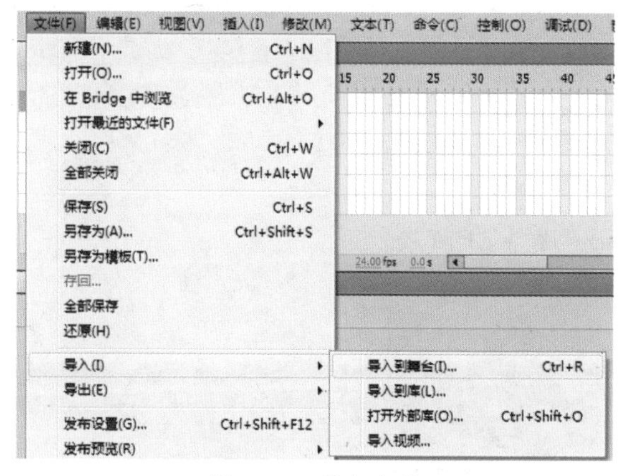

图 2-54　导入文件

图 2-55　沙漠

单击套索工具，在工具箱下方选项区选择“魔术棒设置”命令，对“阈值”和“平滑”进行设置，如图 2-56 所示。单击选择骆驼的黑色驼峰区域，如图 2-57 所示，按 Delete 键删除它。

图 2-56　魔术棒设置

图 2-57　用“魔术棒”删除黑色区域

2.2.5　任务实施

（1）打开“我的职业生涯 .fla”文档，锁定“阶梯”和“愿景”图层，如图 2-58 所示。

小提示

单击套索工具后，在工具箱下方的选项区会出现三个附属工具按钮。

（1）魔术棒：用于选择颜色相似的区域。

（2）魔术棒设置：设置阈值和平滑。

（3）多边形模式：用鼠标自由选择不规则区域。

小技巧

对于一个位图图像，用魔术棒工具之前应先执行分离操作。

利用上面叙述的方法可以将导入 Flash 中的位图图像的背景去掉。具体方法是，将位图图像分离，用魔术棒选取位图背景，然后按下 Delete 键将背景删除。

时间轴	动画编辑器				1	5	10	15	20	25	30	35
愿景	•	🔒	□									
小人	•	•	□									
阶梯	•	🔒	□									

图 2-58　锁定图层

只能修改未锁定的图层。

（2）在“小人”图层上，找到第一个小人，用选择工具，先后选取小人的身体、胳膊和腿等部分，调整形状，使其有向上攀登的效果，如图 2-59 所示。同样方法，调整第二、第三个小人，使其也具有攀登效果，如图 2-60、图 2-61 所示。

图 2-59　调整后的第一个小人

图 2-60　调整后的第二个小人

图 2-61　调整后的第三个小人

用选择工具选择一个对象的办法有如下两种情况。

（1）若所选对象是一条直线、一组对象或文本，单击所需对象即可。

（2）若所选对象是图形，需要在某条边上双击鼠标左键，才能选中整个图形。

（3）锁定“阶梯”图层以外的其他图层，用部分选取工具选取阶梯部分，将鼠标指向右下方节点，如图 2-62 所示，向下拉伸使其变成如图 2-63 所示的形状。

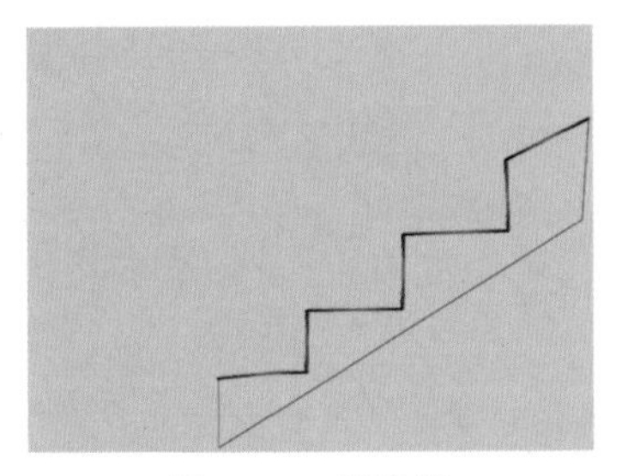

图 2-62　原阶梯

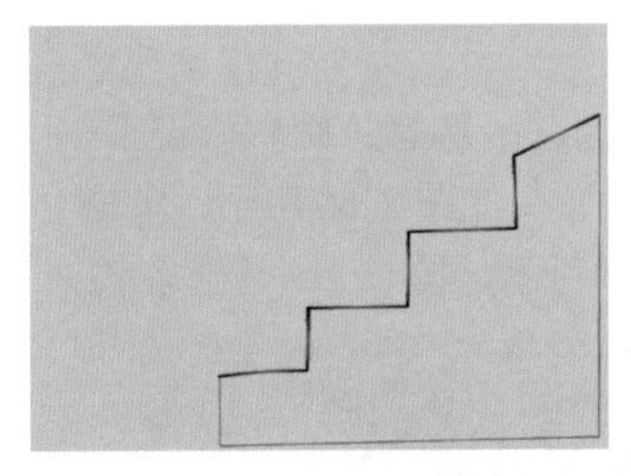

图 2-63　调整后的阶梯

用部分选取工具选择对象，对象上会出现很多的节点，我们可以对其进行如下操作。

（1）移动节点：将鼠标指针移到某节点上，鼠标右下角会出现一个白色的正方形，拖曳它可以改变对象的形状。

（2）调整节点：在移动节点的过程中，该节点变为实心，调节节点两端的控制手柄，会改变曲线弧度。

（3）删除节点：选中要删除的节点，按下 Delete 键可以删除当前选中的节点，同时也改变了对象的形状。

（4）继续用部分选取工具修改标杆的形状，使其与整体设计相协调，如图 2-64 所示。

图 2-64　修改标杆形状

（5）将“阶梯”和“小人”两个图层隐藏，选取套索工具，可以用下列两种方法实现。

方法一：选择工具箱下方的多边形模式，用鼠标单击选择多边形区域，结束时双击鼠标就可形成封闭区域，如图 2-65、图 2-66 所示。

图 2-65　多边形模式选取

图 2-66　选取后的对象

方法二：单击鼠标左键，通过拖动圈选对象，如图 2-67 所示。

小提示

除了能使用套索工具，还可用任意变形工具选取。

图 2-67　选取对象

（6）选取任意变形工具，如图 2-68 所示，将鼠标移到下方，待光标变为双箭头时向右拉伸，使对象倾斜，如图 2-69 所示。

小技巧

用任意变形工具时，按住鼠标任意拖动，若按住 Alt 键将使对象沿对称点倾斜。

按住鼠标任意拖动，若按住 Shift 键将使对象沿中心点倾斜。

图 2-68　选取对象

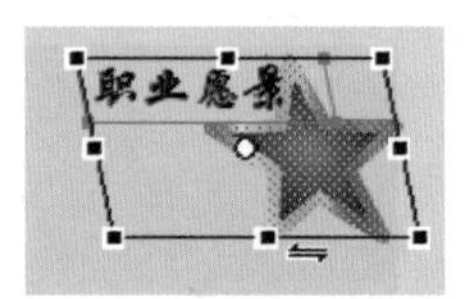

图 2-69　倾斜对象

（7）用套索工具选取“星形”，将它转换为元件。用 3D 旋转工具选取“星形”，先将鼠标移到 x 轴，使其按顺时针方向旋转约 45°角；再将鼠标移到 y 轴，使其按逆时针方向旋转约 30°角；再将鼠标移到 z 轴，使其从上至下旋转，使其与“标杆”的倾斜方向接近，如图 2-70 所示。

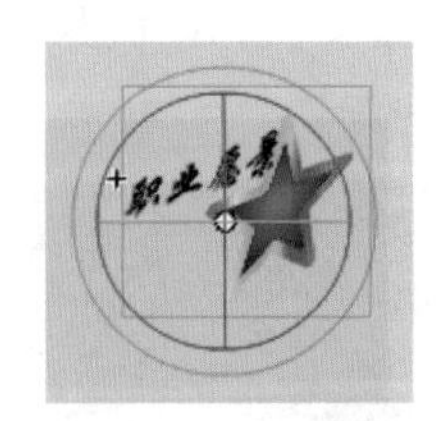

图 2-70　3D 旋转

（8）将文件另存为“修改我的职业生涯 .fla”。

2.2.6 任务小结

通过此任务的学习，我们掌握了用选取工具对编辑区的对象进行选择和修改的方法，熟悉了它们的功能。选择工具可选择和移动对象，也可改变对象的大小和形状；部分选取工具可对对象进行移动或变形；套索工具可选择不规则的对象或区域；任意变形工具可对对象进行变形、扭曲等操作；3D 旋转工具可将对象沿不同的轴旋转。总之，选取工具的应用比较广泛，需要在今后的学习中不断巩固提升！

选取工具的使用非常广泛，使用时需要视对象的具体情况来综合应用各种工具。

2.2.7 任务拓展

1．任务描述

制作 2011 年西安世界园艺博览会的会徽，如图 2-71 所示。

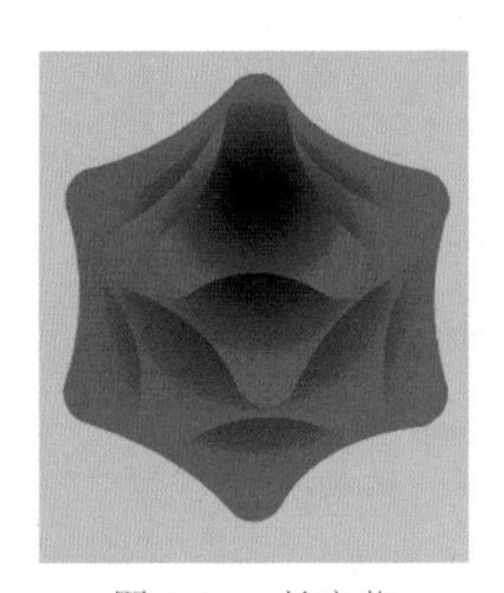

图 2-71　长安花

由我国申奥标志及生肖邮票设计者陈绍华设计的世园会会徽命名为“长安花”，取意“春风得意马蹄疾，一日看尽长安花”。会徽以自然花瓣为构型，组合而成一个富有东方神韵的“百花吉印”：三角形如汉字“人”，体现以人为本；四边形如西安古城，象征和谐人居；五边形形似五星，体现中国特色；六边形代表包容一切的自然环境。从三到六自然递进，体现了人、城市、自然和谐共生。

2．任务分析

通过观察“长安花”，我们不难分析出从内到外它依次是由三角形、四边形、五边形、六边形组合、变形而成的。我们可以先绘制出它们，再分别选取变形得到。

3．操作提示

（1）新建一个 Flash 文档。

（2）将图层 1 重命名为“三角形”，选取多角星形工具，在“工具属性”中设置边数为 3，设置填充色和笔触色为由黑到红的径向渐变，笔触值为 40.35，绘制一个三角形，用选择工具调整三条边的弧度至合适形状。

（3）新建图层 2 并命名为“四边形”，绘制一个四边形，步骤与（2）类似。

（4）新建图层 3 并命名为“五边形”，绘制一个五边形，步骤与（2）类似。

（5）新建图层 4 并命名为“六边形”，绘制一个六边形，步骤与（2）类似，如图 2-72 所示。

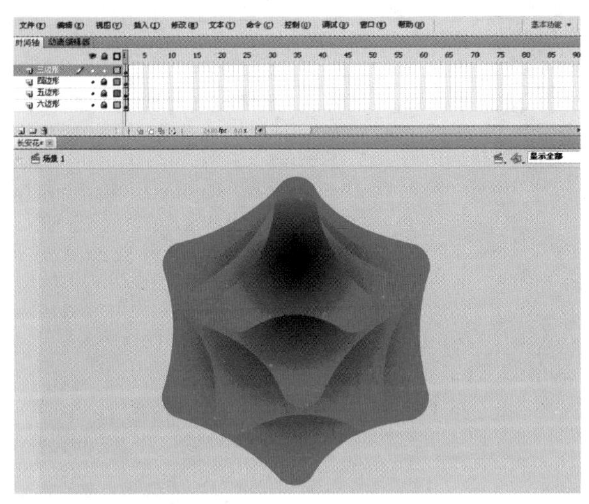

图 2-72　制作长安花

（6）保存为“长安花 .fla”。

2.2.8　自主创作

1．任务描述

班徽是一个班级集体的象征，凝聚着全班同学。请先用绘图工具绘制，再用选取工具修改设计出一个富有新意的班徽。

2．任务要求

（1）灵活运用绘图工具进行绘制，再根据实际需要用适当的选取工具编辑修改。

（2）为便于修改，把不同内容放置不同的图层中。

任务 2.3　使用颜色工具——描绘我的七彩生涯

2.3.1　任务描述

职业生涯是丰富多彩的，请使用颜色工具将修改好的职业生涯描绘成七彩生涯，如图 2-73 示。

小辞典

会徽：重大会议、体育盛会一般都有会徽。会徽在设计上要体现会议的主旨、举办地、举办时间、举办国（地区、单位）等。如奥运会会徽，是每一届奥运会的图腾，它向全世界展示了主办国家及城市对于奥林匹克精神的理解。

徽章的设计要区别于绘画，应简洁，能够突显主题，主题不能多，一个就够了，用文字、数字、符号、图形等表示，然后可以用背景等来修饰。

设计一个班徽，应体现班级的精神风貌，如团结、自信、积极、向上、爱国等，注意设计要简洁，一般为圆形，周围可以表明班级或人数的数字环绕，要有新意，体现班级的特点。

图 2-73　七彩生涯

小辞典

三原色：红（Red）、绿（Green）和蓝（Blue）这三种颜色以不同比例混合，可以得到其他所有颜色，所以人们把红、绿、蓝称为三原色。

2.3.2　任务目标

（1）了解颜料桶工具、墨水瓶工具、滴管工具、渐变变形工具的使用方法。

（2）初步学会运用颜色工具来进行创作。

小辞典

RGB 色彩模式：是通过对红（R）、绿（G）、蓝（B）三个颜色通道的变化以及它们相互之间的叠加来得到各式各样的颜色的，是目前运用最广的颜色系统之一。

2.3.3　任务分析

这个任务中出现了太阳、树、山等图形，并且阶梯也填充了颜色，这些可使用颜色工具和绘图工具来完成，在使用各种工具绘制图形前，要先设置好颜色。

（1）用渐变变形工具调整“标杆”的渐变色。

（2）用滴管工具吸取颜色填充阶梯。

（3）用铅笔工具绘制小山轮廓，再用颜料桶工具填充。

（4）用椭圆工具绘制太阳。

（5）用线条工具和椭圆工具绘制小树。

小辞典

颜色值：以符号“#”开头，用 6 位十六进制数表示，从左到右，每两位分别表示 R、G、B 通道的颜色值。

2.3.4　任务准备

颜色工具存放在工具箱的下部，如图 2-74 示，它们从上至下依次是颜料桶工具（或墨水瓶工具）、滴管工具。

图 2-74　颜料桶工具和滴管工具

探索：颜色工具的使用

小提示

颜料桶工具的作用是填充和改变颜色。颜料桶工具位于工具箱的中下部，滴管工具的上方，将鼠标移到这里单击，即可使用它。

（1）用颜料桶工具选色填充。先绘制一个椭圆，如图 2-75 所示。单击颜料桶工具，再打开“颜色”面板，设置笔触颜色为 #FF0000，设置填充颜色为径向渐变，单击左端色块，设置值为 #FFFFFF，单击右端色块，设置值为 #FF0000。“属性”面板中设置笔触值为 3.00，如图 2-76 所示，将鼠标移至椭圆中心处单击进行填充，如图 2-77 所示。

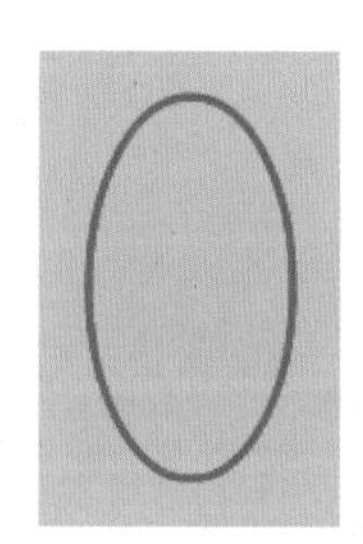

图 2-75　绘制椭圆

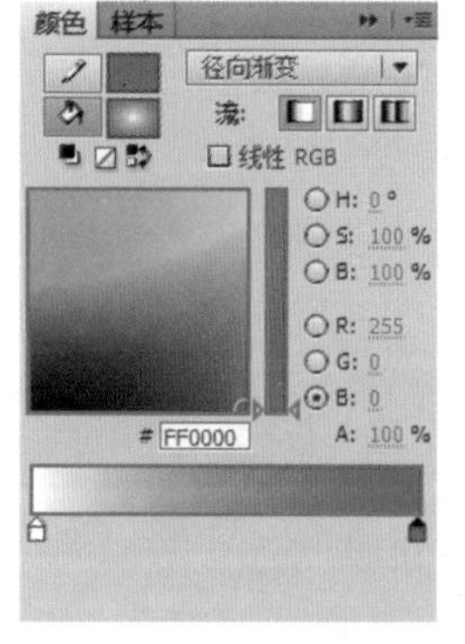

图 2-76　设置填充色

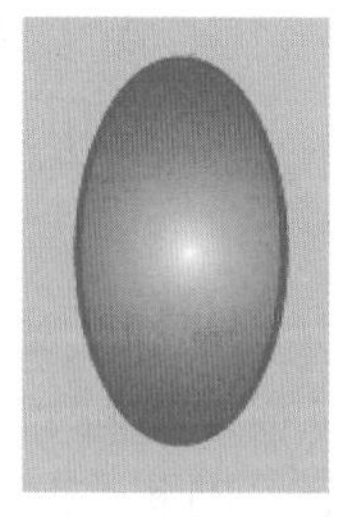

图 2-77　用颜料桶填充

小提示

颜色值为 #000000 表示黑色，颜色值为 #FF0000 表示红色，颜色值为 #00FF00 表示绿色，颜色值为 #0000FF 表示蓝色，颜色值为 #FFFFFF 表示白色。

（2）用渐变变形工具调整渐变色的范围。选取任意变形工具，单击其右下方黑三角，选取渐变变形工具，如图 2-78 所示。

任意变形工具(Q)
渐变变形工具(F)

图 2-78　选取渐变变形工具

小提示

（1）只有渐变填充的图形，才能用渐变变形工具调整。

（2）选取渐变变形工具后，在图形外侧会出现控制手柄，它们分别是用来调整中心点位置，控制宽度、大小、旋转的。

（3）用渐变变形工具调整渐变色的宽度和大小的方法与调整渐变色中心和角度的方法类似。

选取渐变变形工具调整渐变色的中心和角度。单击红色椭圆，将其中心的白色空心倒三角右移，如图 2-79 所示，然后将鼠标指向右侧的旋转控制柄沿逆时针方向旋转约 60°，如图 2-80 所示。

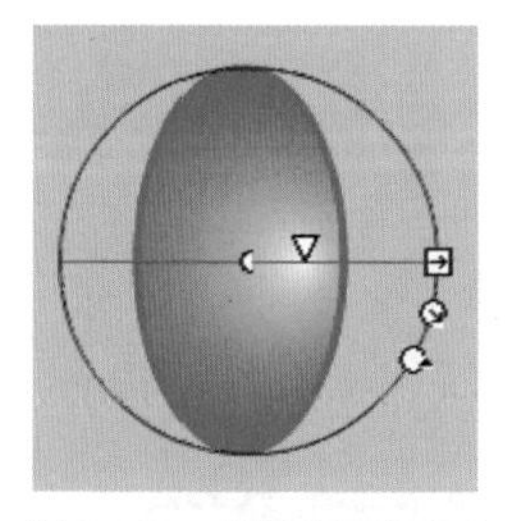

图 2-79　调整渐变中心

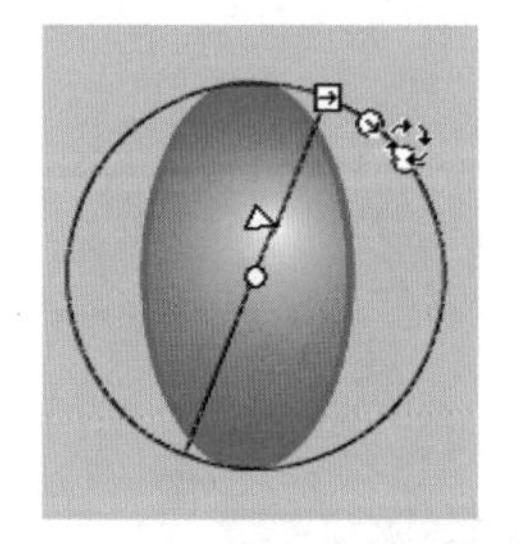

图 2-80　调整渐变角度

（3）用墨水瓶工具填充和改变椭圆的边框线。单击颜料桶工具，再单击其右下方的黑三角，选取墨水瓶工具，在“属性”

面板进行设置，笔触颜色为 #FFFF00，笔触值为 20.00，样式为斑马线，如图2-81所示，用鼠标单击椭圆填充，如图2-82所示。

图 2-81　设置墨水瓶属性

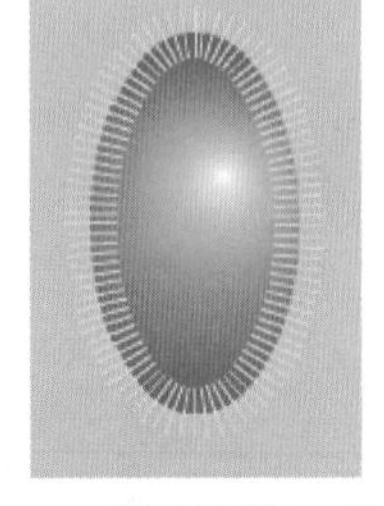

图 2-82　用墨水瓶工具填充

小提示

墨水瓶工具的作用是填充图形的边框，或改变线条的粗细、颜色、线型。

（4）用滴管工具拾取边框和填充效果。单击滴管工具，拾取上述椭圆的边框和填充效果，这时选取绘图工具绘制一个方形或五边形，效果同上，如图 2-83、图 2-84 所示。

小技巧

滴管工具的快捷键是 I。

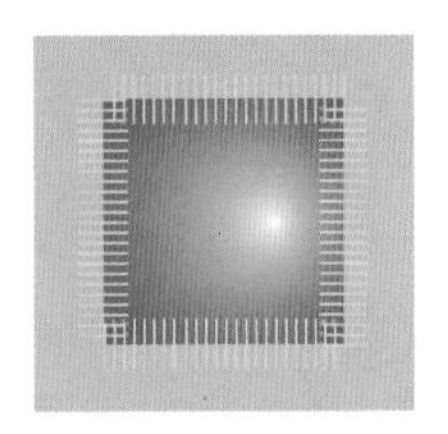

图 2-83　绘制方形

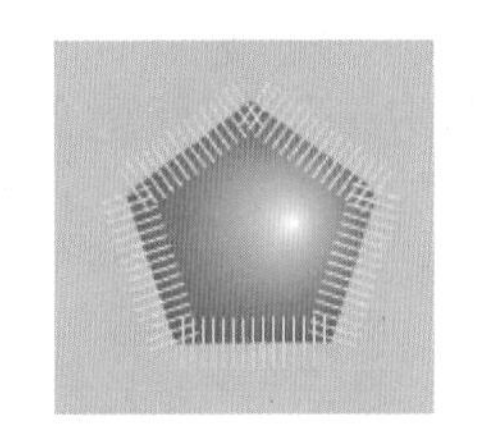

图 2-84　绘制五边形

小提示

滴管工具的作用是拾取颜色和效果。使用滴管工具拾取颜色的同时，它还拾取了效果。

2.3.5　任务实施

（1）打开“修改我的职业生涯 .fla”文档，单击渐变变形工具，选取“标杆”上的渐变色，调整渐变色的宽度，如图 2-85 所示。拖曳标杆上方的小圆圈，逆时针方向旋转渐变色，如图 2-86 所示。

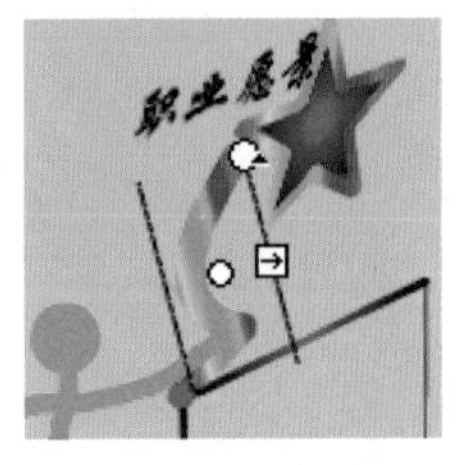

图 2-85　移动渐变色

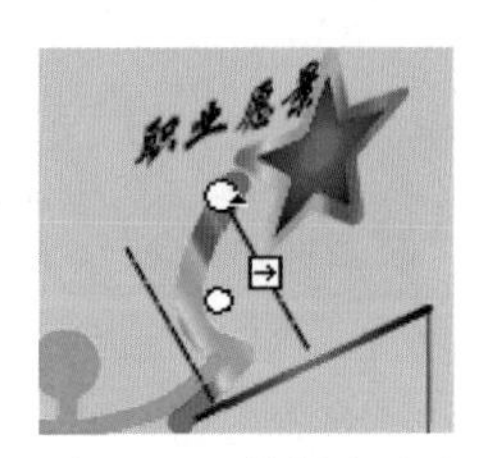

图 2-86　旋转渐变色

（2）单击滴管工具拾取“标杆”上的渐变色之后，鼠标

自动变成颜料桶工具，将鼠标移到阶梯空白处单击填充，再用滴管工具拾取“标杆”上的渐变色，在阶梯的边缘填充，如图 2-87 所示。

图 2-87　填充阶梯

（3）新建图层，将图层命名为“小山”。单击铅笔工具，在“属性”面板中设置笔触颜色为 #00FF00，笔触值为 1.00；单击颜料桶工具，在“属性”面板中设置笔触颜色为 #00FF00，在左下角绘制一座山，如图 2-88 所示。

图 2-88　绘制小山

（4）新建图层，将图层命名为“太阳”。单击椭圆工具，在“颜色”面板中设置笔触颜色值为 #FF0000，填充颜色为径向渐变，值为由 #FFFF00 过渡到 #FF0000，如图 2-89 所示，笔触值为 20.00，样式为斑马线，将鼠标移到左上方绘制一个圆，如图 2-90 所示。

（5）新建图层，将图层命名为“树”。单击铅笔工具，设置笔触颜色为 #006600，在山上画出树干；单击椭圆工具，在“属性”面板中设置笔触颜色为 #00FF00，笔触值为 1.00，填充颜色为径向渐变，值为由 #FFFFFF 过渡到 #00FF00，如图 2-91 所示，绘制一个椭圆；单击渐变变形工具，将中心

小提示

使用滴管工具应注意：用滴管拾取边框颜色的时候，它同时拾取了边框的样式，如线型、粗细等。在拾取边框颜色和效果后，将自动转换为墨水瓶工具。用滴管拾取填充色时，它同时拾取了填充效果，甚至是位图的效果。在拾取填充效果后，自动转换为颜料桶工具。

小提示

刷子工具有：标准绘画、颜料填充、后面绘画、颜料选择、内部绘画五种模式。

调整到树顶，如图 2-92 所示。

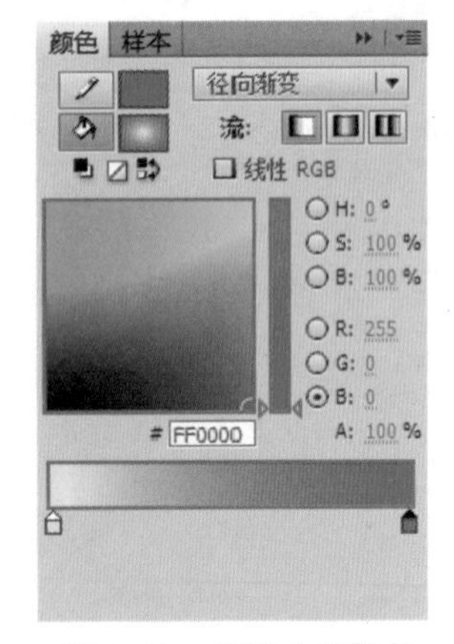

图 2-89　设置太阳颜色

图 2-90　绘制太阳

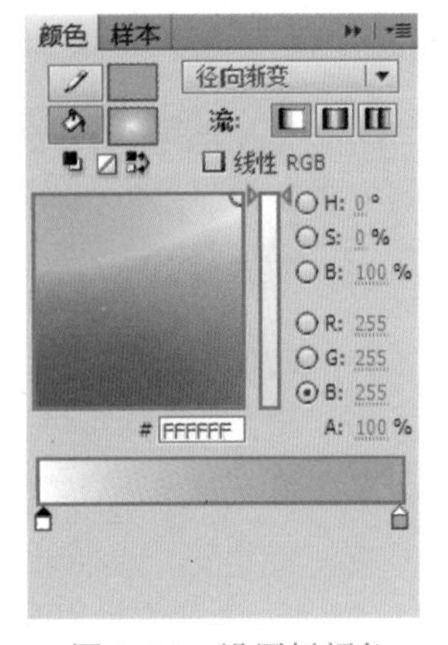

图 2-91　设置树颜色

图 2-92　绘制树

（6）按下 Shift 键，同时选取树干和树叶部分，再按下 Ctrl 键拖动小树，沿着山再复制出 4 棵小树来，如图 2-93 所示。

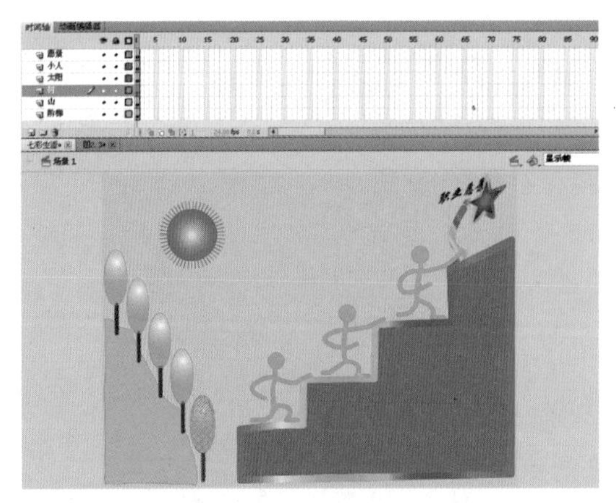

图 2-93　复制树

小提示

在使用绘图工具绘制图形前，要先在“属性”面板中设置好笔触颜色、笔触值、填充颜色、样式等，再绘图，这样可以达到事半功倍的效果。

小辞典

Alpha 值用于设置颜色填充的透明程度。Alpha 值为 0% 时为透明（不可见），Alpha 值为 100% 时为完全不透明。

（7）保存为“七彩生涯 .fla”。

2.3.6 任务小结

在此任务的学习中，我们使用了颜色工具让图形更加生动、富有表现力，了解了不同的颜色工具的功能：颜料桶工具可填充和改变颜色；墨水瓶工具填充图形的边框，或改变线条的粗细、颜色、线型；滴管工具可拾取颜色和效果；渐变变形工具可调整渐变色的中心、宽度、大小、旋转等。总之，我们可以根据不同需求自由地选取不同的颜色工具对颜色进行编辑。

2.3.7 任务拓展

1．任务描述

绘制一幅题为《脚印》的沙画，如图 2-94 所示。

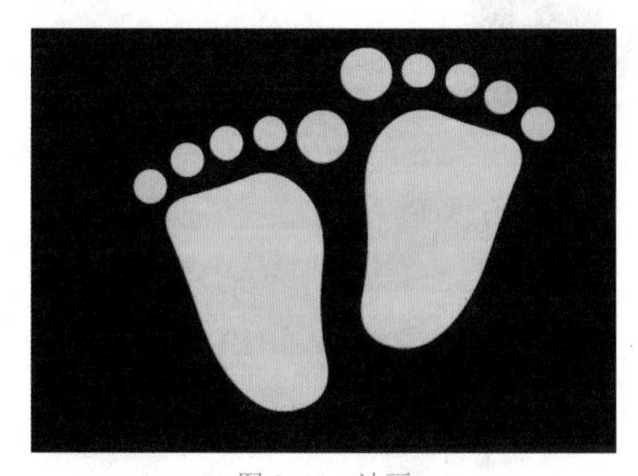

图 2-94 沙画

2．任务分析

通过观察沙画《脚印》，很容易分析出它的左右两部分类似，我们可以先绘制出左脚，再用颜料桶工具中的位图填充，达到沙印的效果；然后可以通过复制和旋转得到右脚。

3．操作提示

（1）新建一个 Flash 文档。

（2）将图层 1 重命名为“左脚”；选取椭圆工具绘制一个椭圆作为脚掌的雏形；选取钢笔工具调整其形状，使其更生动；选取椭圆工具，在脚掌上方绘制一个大脚趾；再用同样方法绘出其他 4 个脚趾。

（3）选取颜料桶工具，在“颜色”面板的填充类型中，

颜色工具的使用非常灵活，填充时需要根据不同类型的图形、不同的表现效果来灵活使用。

沙画是采用天然的彩色沙石和树皮以及各种材料镶嵌而成，纯手工制作与现代工艺技术相结合的一种新型的绘画艺术。沙画融合国画的渲染、油画的厚重等精髓于一体。每一幅作品我们都要“精雕细琢”，使作品新颖独特、色彩绚丽、栩栩如生。

颜料桶工具的填充类型有：无、纯色、线性渐变、径向渐变、位图填充等 5 种。

选择“位图填充”，找到“沙子 .bmp”文件填充即可。

（4）新建图层 2 命名为“右脚”，复制左脚后，旋转上移得到，如图 2-95 所示。

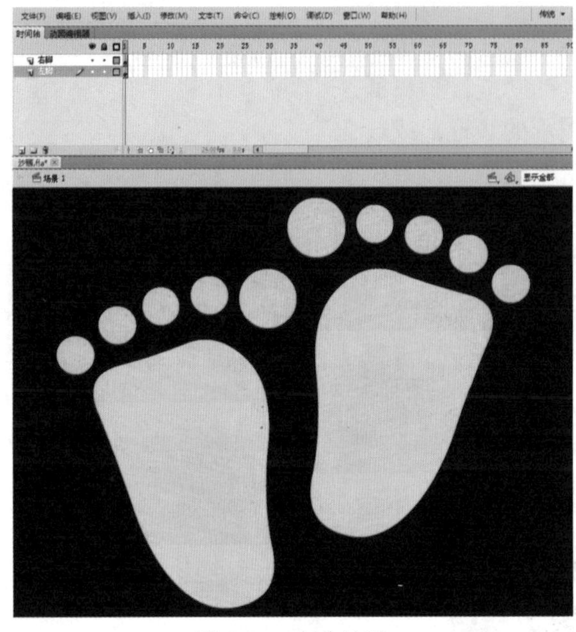

图 2-95　制作沙画

（5）保存为“沙画脚印 .fla”。

2.3.8　自主创作

1．任务描述

沙画是一种艺术，凝聚着创作者的智慧。请自拟主题，先用绘图工具绘制，再用颜色工具填充，设计出一幅富有新意的沙画作品。

2．任务要求

（1）灵活运用绘图工具进行绘制，再根据实际需要适当的选取颜色工具填充。

（2）为便于修改把不同内容放置不同的图层中。

小提示

如果“颜色”面板不在窗口上，可以按组合键“Shift+F9”调出“颜色”面板，在其右侧的类型下拉列表框中，选择“位图”，就可以进行填充了。

小资料

创作沙画应采用鲜明的线条和柔和的色彩，将艺术化所蕴涵的思想表现为大众化的美感，极具视觉冲击效果，从而达到独特艺术概念与观赏效果的完美结合。

项目 3

设计个性的文本

Flash CS5 具有强大的文本编辑功能，不仅可以录入和编辑文本，还可以制作一些特殊效果，我们可以利用它来设计个性的文本。

学习目标

（1）了解文本类型。

（2）掌握利用文本工具添加各种文本的方法。

任务 3.1　添加文本——我的文字，我做主

3.1.1　任务描述

一幅优秀的 Flash 作品中添加恰当、优美的文字能传情达意，使作品更富感染力，在 Flash CS5 中添加文本，达到图 3-1 所示的效果。

图 3-1　抵达成功的彼岸

小辞典

在 Flash CS5 中，有三种文本类型：静态文本、动态文本和输入文本。在动画播放过程中，静态文本是不可编辑和改变的，动态文本可由动作脚本控制其显示，而输入文本可以直接输入其内容。

3.1.2 任务目标

（1）了解三种文本类型。
（2）掌握添加和编辑文本的方法。

3.1.3 任务分析

“抵达成功的彼岸”这一任务是由图片和文字组合在一起来完成的，我们需要用下列步骤来完成。
（1）导入一幅背景图片。
（2）创建文本。
（3）编辑文本，达到图文合一的效果。

3.1.4 任务准备

在工具箱中单击文本工具，“属性”面板中默认的文本类型是静态文本，如图 3-2 所示，若要添加其他类型文本可单击其右侧的倒三角按钮，如图 3-3 所示。

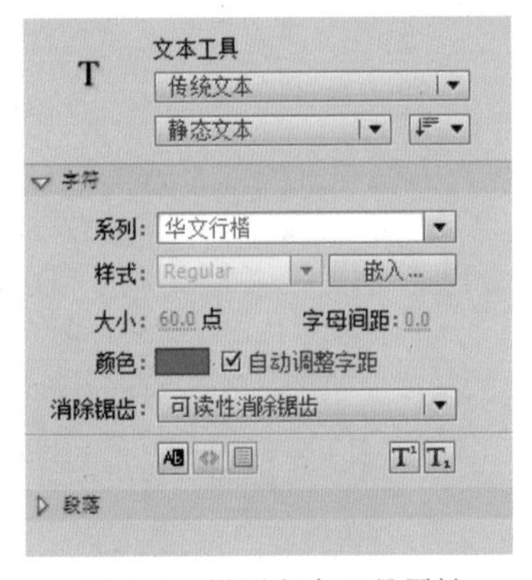

图 3-2 设置文本工具属性

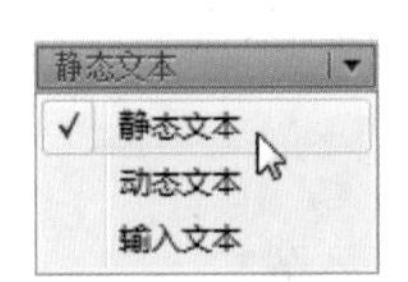

图 3-3 文本类型

在创建文本时，如需要插入一个固定大小的文本框，就可用鼠标拖曳出一个区域，右上角显示为空心的方块。

探索：文本工具的使用

（1）创建文本。单击文本工具，在舞台上需要创建文本的位置单击，舞台上将出现一个文本框，它的右上角显示为空心圆，表示此文本框可随文本的多少自动改变宽度，如图 3-4 所示，在此输入文本“百变文字”，如图 3-5 所示。

选取文本一般有两种方式：一是选取文本框；二是选取文本框内部文本。

图 3-4　创建文本

图 3-5　输入文本

（2）选取文本框编辑文本。选取工具箱中的选择工具，在需要调整的文本框上单击，即可选中文本框，如图 3-6 所示，在“属性”面板中设置字体系列为隶书，如图 3-7 所示。

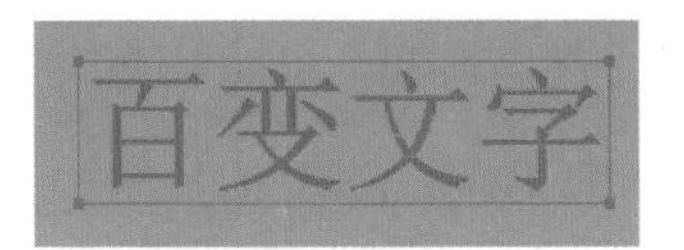

图 3-6　选取文本框

图 3-7　改变文本框属性

（3）选取文本框内的某个文本进行编辑。选取工具箱中的文本工具，单击文本框，将光标移至文本框中，拖曳“变”字，如图 3-8 所示，在“属性”面板中设置字体系列为华文行楷，大小为 90.00，如图 3-9 所示。

图 3-8　选取文本

图 3-9　改变文本属性

小提示

选取文本后，还可在“属性”面板中设置字母间距、样式、消除锯齿、段落格式、边距、行为等。

小技巧

文本工具的快捷键是 T。

3.1.5　任务实施

（1）新建一个 Flash 文档，在“常规”选项卡中选择 ActionScript 3.0 或 ActionScript 2.0，单击“确定”按钮，如图 3-10 所示。

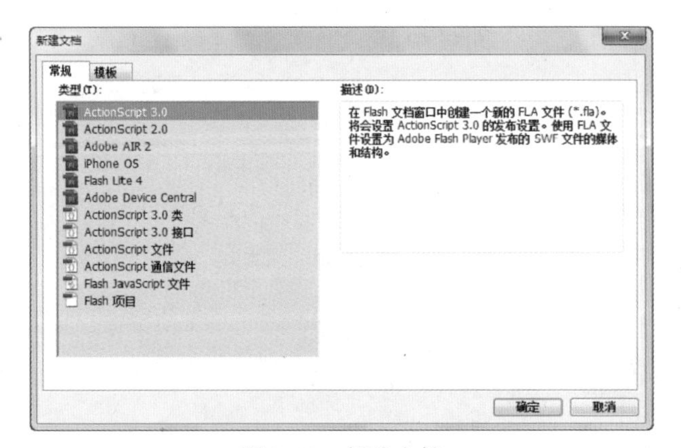

图 3-10　新建文档

（2）选择【文件】→【导入】命令，导入“背景.jpg”，调整其大小以适合舞台；在工具箱中选取文本工具，在“属性”面板中设置字体系列为华文行楷，大小为60.00，颜色为#FF0000，在舞台上方创建文本“抵达成功的彼岸”，如图3-11所示。

图3-11　创建文本

（3）选择【修改】→【分离】命令，将原来的文本框拆分成多个，如图3-12所示。

图3-12　分离文本

对文本进行渐变填充、形状渐变等操作前，要先对文本进行分离操作，将文本转变成可编辑的矢量图。

（4）选取所有文本，再执行一次分离操作，使文本转换为网格状态，如图3-13所示。

图3-13　再次分离文本

“分离”命令的组合键是“Ctrl+B”。

（5）单击颜料桶工具，选取文本，在“颜色”面板中，为文本设置渐变色，如图3-14、图3-15所示。

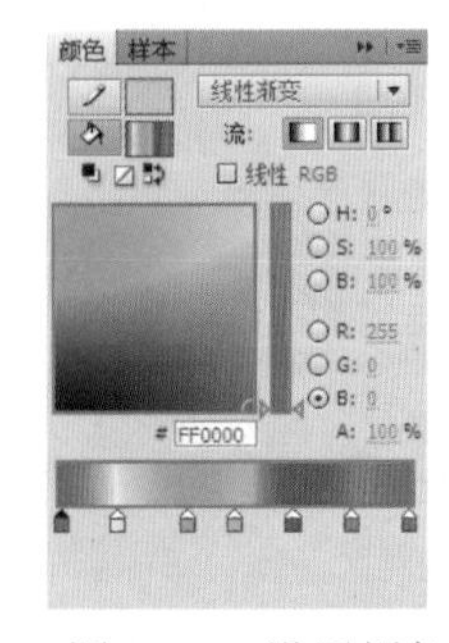

图3-14　设置颜色

图3-15　渐变填充

（6）单击部分选取工具，对文本的节点进行编辑，拖动“彼”字右上角，“抵”字的右下角，如图 3-16 所示。

图 3-16　编辑文本路径

小提示

在“属性”面板中可指定字的消除锯齿属性，单击“消除锯齿”右侧倒三角按钮，在打开的下拉列表中有使用设备字体、位图文本、动画消除锯齿、可读性消除锯齿、自定义消除锯齿五个可选项。

（7）保存为“抵达成功的彼岸 .fla”。

3.1.6　任务小结

通过这个任务，我们学到了导入图片、创建文本和编辑文本的方法。Flash CS5 有三种文本类型：静态文本、动态文本和输入文本，其中静态文本应用最为广泛。

3.1.7　任务拓展

1．任务描述

创建输入文本，了解动态文本的使用，如图 3-17 所示。

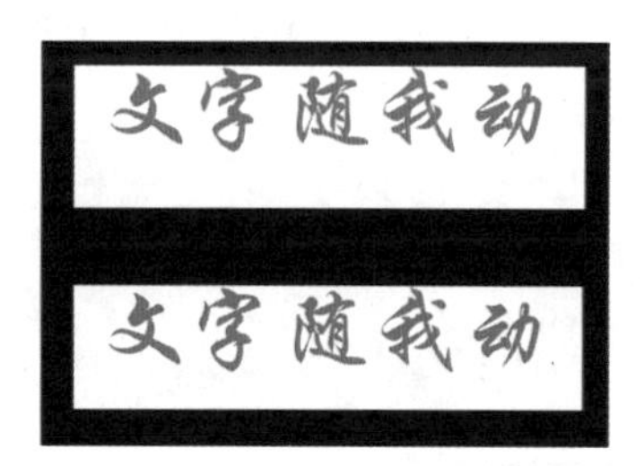

图 3-17　文字随我动

小提示

创建动态文本表示在 Flash 文档中创建可以随时更新的信息。可在“变量”文本框中为文本框指定某个变量的接收值，从而动态改变文本框的显示内容。

动态文本在结合函数的 Flash 动画中应用得很多。

2．任务分析

创建不同的文本类型是在“属性”面板中设置的。

3．操作提示

（1）新建一个 Flash 文档。

（2）选取文本工具，在“属性”面板中单击文本类型的下拉列表框，选择“输入文本”选项，单击“在文本周围显示边框”按钮，选取“动画消除锯齿”，“变量”文本框内输入变量名“输入”，如图 3-18 所示，在舞台上部拖动鼠标，创建一个文本输入区，如图 3-19 所示。

图 3-18　创建输入文本

图 3-19　创建文本输入区

小提示

输入文本和动态文本一样，多用于 Flash 动画播放时作为输入文本框来使用，实现交互动画。

（3）在“属性”面板的“文本类型”下拉列表框中选择“动态文本”选项并设置相应属性，如图 3-20 所示，在舞台下面拖动鼠标，创建一个文本输入区，如图 3-21 所示。

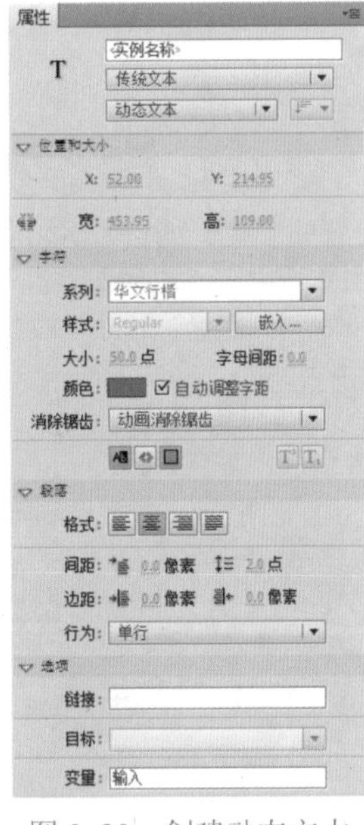

图 3-20　创建动态文本

图 3-21　创建动态输入区

小提示

在动态文本中设置，除了静态文本设置要点外还应注意：

（1）单击“在文本周围显示边框”按钮，则可将此文本区域设置为白色背景，有边框的样式。

（2）在“变量”文本框中可输入一个变量名称，为变量进行标识。

（4）选择【控制】→【测试影片】命令，在 Flash 播放器中预览动画效果，如图 3-22 所示，在舞台上部的文本框内输入“文字随我动”，此时下面的文本框也会显示出来，如图 3-23 所示。

图 3-22　在播放器中预览

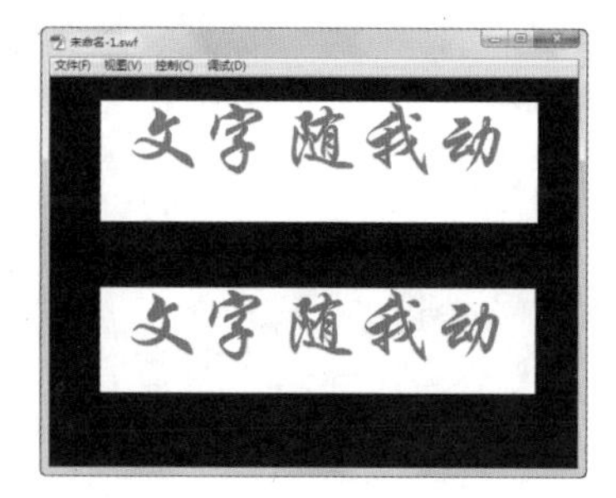

图 3-23　输入文本

（5）保存文档“文字随我动 .fla”。

小提示

在正式发布和输出动画之前，需要对动画进行测试。测试动画有两种方法：一是使用播放控制栏；二是使用 Flash 专用的测试窗口。

3.1.8　自主创作

1．任务描述

以“我的爱好”为主题创建文本。

2．任务要求

可根据自己的创意，自主选择文本类型，至少用到两种文本。

任务 3.2　编辑文本——文字随我变

3.2.1　任务描述

Flash 彩虹字有多种制作方法，其中用添加静态文本的方法来实现是比较简单的一种。请添加文本进行编辑，制作如图 3-24 所示的效果。

图 3-24　彩虹字

3.2.2　任务目标

（1）掌握文本编辑的方法。

小辞典

文字图形是指转换成图形后的文本。

（2）在不同的情境中能够编辑不同的文本。

3.2.3 任务分析

先用文本工具创建出文本，通过分离、编辑、填充彩虹渐变色的方法，就可以制作出绚丽的彩虹字。

3.2.4 任务准备

文本的编辑还涉及对文本形状的改变，比如将文本像其他图形那样，进行缩放、旋转、变形和翻转等变换。

经变换处理后的文本仍然可被编辑，但如变换过度的话，将会使文本难以辨认，因此文本变换应适度。

探索：编辑文本

（1）缩放文本。选取文本工具，添加文本“百变文字的缩放”，在“属性”面板中设置字体系列为隶书，大小为60.0，颜色为 #FF0000，如图 3-25 所示，在舞台上添加文本“百变文字的缩放”，如图 3-26 所示。

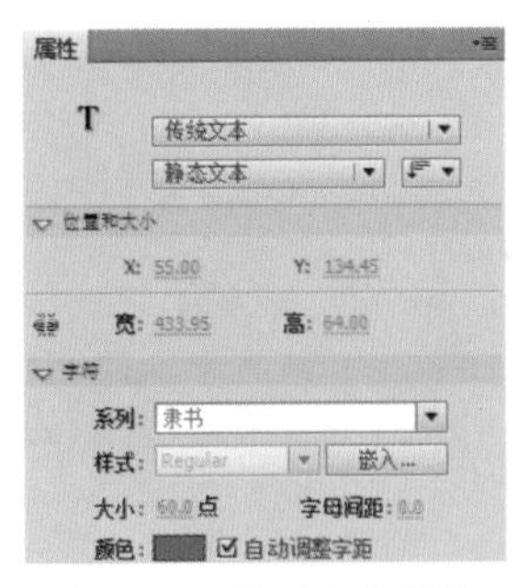

图 3-25　设置文本属性

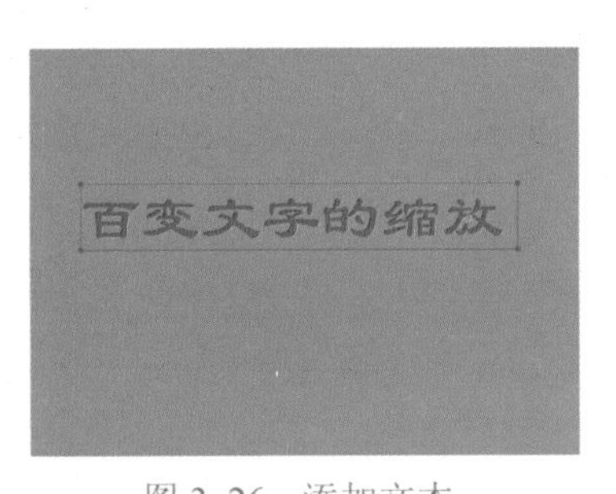

图 3-26　添加文本

选取任意变形工具，单击工具箱下方的缩放按钮，将鼠标移到左上角向外拖曳，文本就会放大，如图 3-27 所示。将鼠标移到左上角向内拖曳，文本就会缩小，如图 3-28 所示。

文本的变形操作还可以通过【修改】→【变形】→【缩放】命令实现。

图 3-27　放大文本

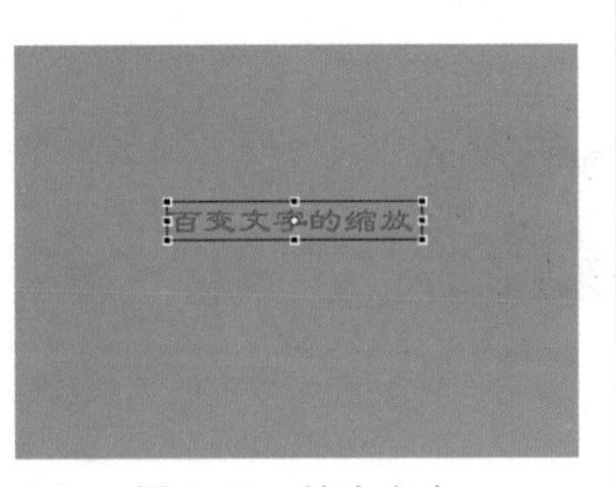

图 3-28　缩小文本

（2）旋转文本。选取文本工具，添加文本“百变文字的

缩放”，属性设置同上，如图 3-25 所示，在舞台上添加文本“百变文字的旋转”，如图 3-29 所示。选取任意变形工具，将鼠标移到右上角，待光标变成圆弧形箭头，文本就会随光标围绕中心旋转，如图 3-30 所示，还可使文本绕左下角进行旋转，如图 3-31 所示。

小提示

旋转文本时既可以通过文本的中心旋转，也可以先用鼠标拖曳的方法将旋转中心调整到一个顶点，再进行文本的旋转。

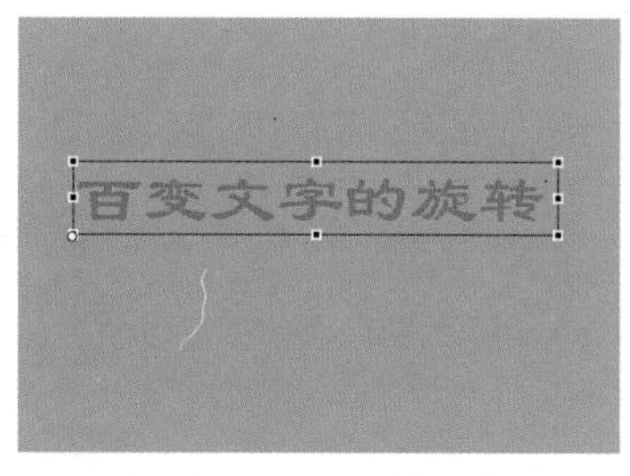

图 3-29　添加文本

图 3-30　围绕中心旋转

（3）变形文本。添加文本“百变文字的变形”，方法与前两个操作相同。选取任意变形工具，将鼠标移到文本上边缘，待光标变成左右方向的双箭头时，移动光标，文本就会随移动方向而变形，如图 3-32 所示。

小提示

用任意变形工具调整文本形状时，可以从旋转与倾斜、缩放、扭曲等方面来进行。

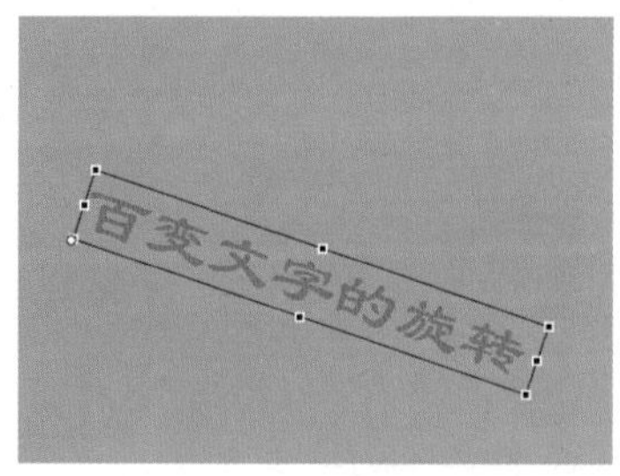

图 3-31　围绕某一角旋转

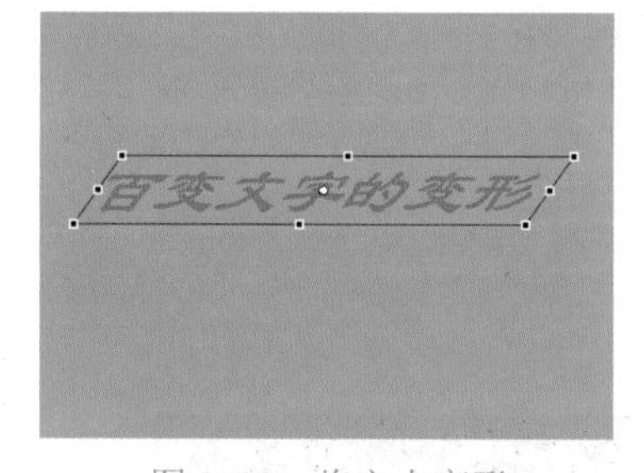

图 3-32　将文本变形

（4）翻转文本。添加文本“百变文字的镜像”，方法与前三个操作相同。选取选择工具，复制文本，如图 3-33 所示，选择【修改】→【变形】→【垂直翻转】命令，如图 3-34 所示。

小技巧

用选择工具选取文本，按住 Ctrl 键拖动鼠标可以快速复制文本。

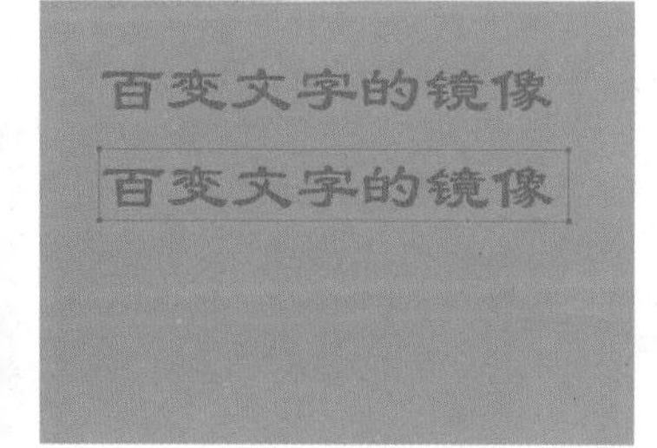

图 3-33　复制文本

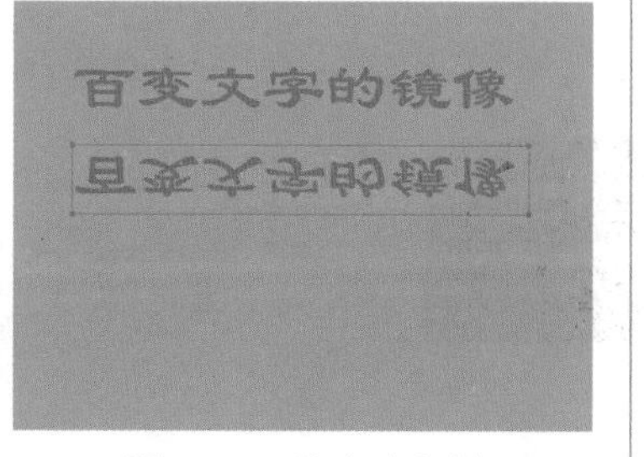

图 3-34　将文本翻转

3.2.5 任务实施

（1）新建一个 Flash 文档，在“常规”选项卡中选择 ActionScript 3.0 或 ActionScript 2.0，单击“确定”按钮。

（2）选择【修改】→【文档】命令，打开【文档设置】对话框，设置背景颜色为 #000000，如图 3-35 所示。

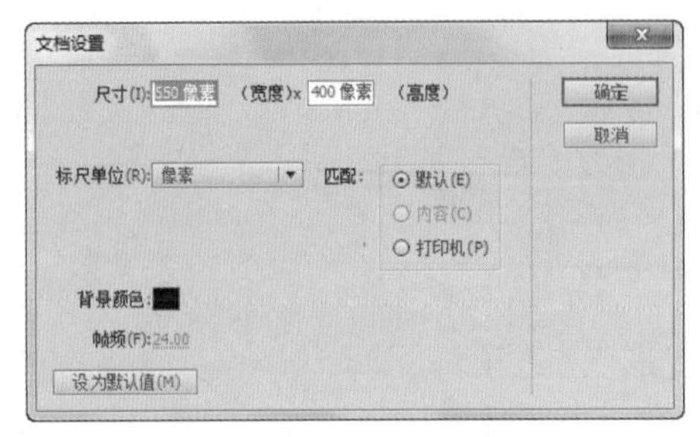

图 3-35　设置文档属性

（3）选取文本工具，在“属性”面板中设置“文本类型”为静态文本，设置字体系列为黑体，大小为 150.0 点，颜色为 #FFFFFF，如图 3-36 所示，在舞台中输入文本“彩虹字”，如图 3-37 所示。

图 3-36　设置文本属性

图 3-37　创建文本

（4）按两次组合键“Ctrl+B”将文本分离，如图 3-38 所示。

图 3-38　分离文本

（5）选择【编辑】→【直接复制】命令，复制“彩虹字”，

小提示

文本有两种输入状态：默认输入和固定宽度，它们之间是可以相互转换的。

将默认输入更改为固定宽度：选取文本工具，移动鼠标到需要调整的文本位置并单击，将文本输入框激活，移动鼠标到文本右上角的圆形手柄处，鼠标指针变为双箭头，单击并拖动鼠标到适当位置后放开即可。

将固定宽度更改为默认输入，与上述方法十分接近。

用选择工具将复制后的“彩虹字”拖曳到下方，如图 3-39 所示。

可以使用组合键“Ctrl+D”实现“直接复制”命令。

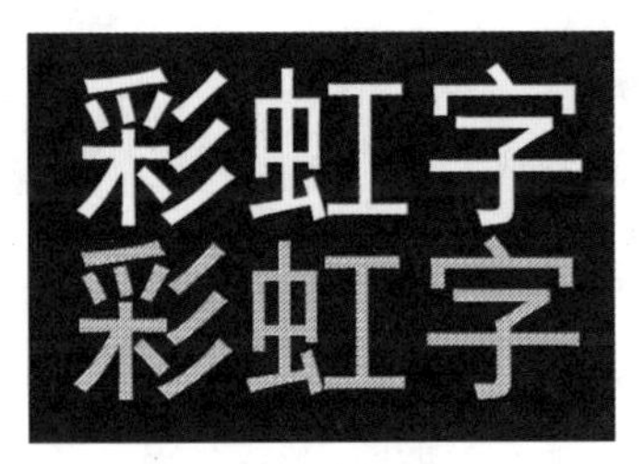

图 3-39　复制文本

（6）选取下方的文本，选择【修改】→【形状】→【柔化填充边缘】命令，打开“柔化填充边缘”对话框，设置距离为 10 像素，步长数为 5，如图 3-40 所示，选择【修改】→【组合】命令，如图 3-41 所示。

可以使用组合键“Ctrl+G”实现“组合”命令。

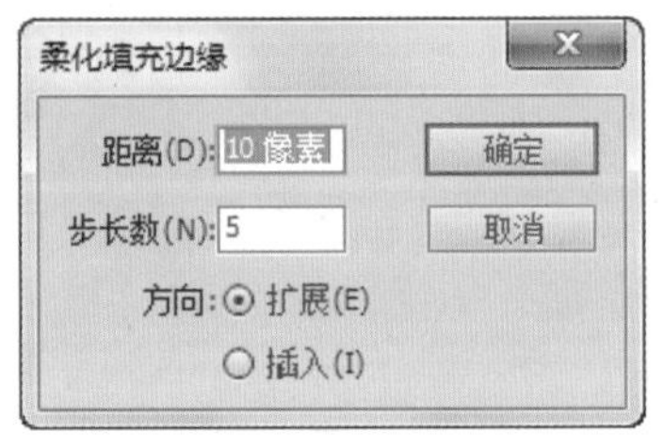

图 3-40　柔化文本

图 3-41　组合文本

（7）选取上面的文本，在“颜色”面板中，设置填充颜色为 #FF0000 的渐变色，颜色类型为径向渐变，如图 3-42 所示，填充颜色就成为彩虹效果，如图 3-43 所示。

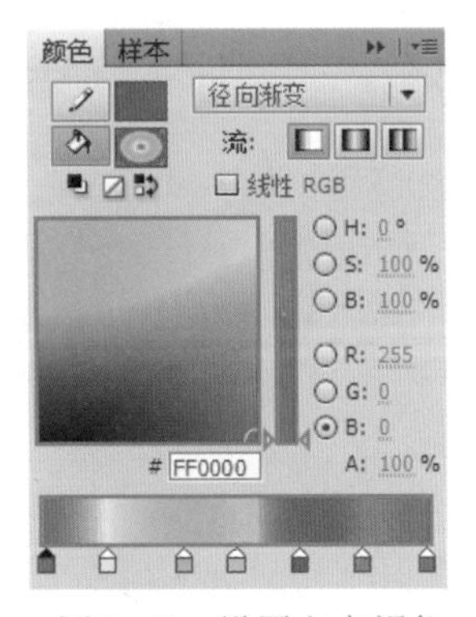

图 3-42　设置文本颜色

图 3-43　填充颜色

选取文本后，单击“属性”面板的段落格式，可以设置单个文本的对齐方式，包括左对齐、居中对齐、右对齐、两端对齐。

（8）用选择工具同时选取上、下两个文本，如图 3-44 所示，选择【窗口】→【对齐】命令，打开“对齐”面板，选取“垂直中齐”命令，如图 3-45 所示。

图 3-44　同时选取文本

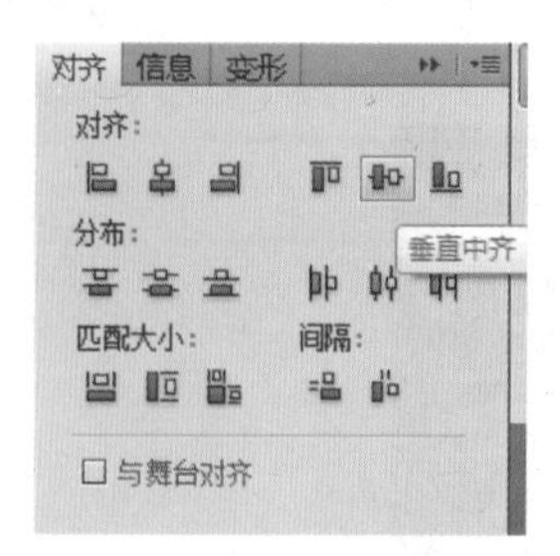

图 3-45　设置对齐

（9）两个文本对齐在一起，变成了富有立体感的彩虹字，如图 3-46 所示，再进行组合。

两个文本要叠放在一起的时候，要先考虑好上、下层的位置关系，否则难以达到预期效果。

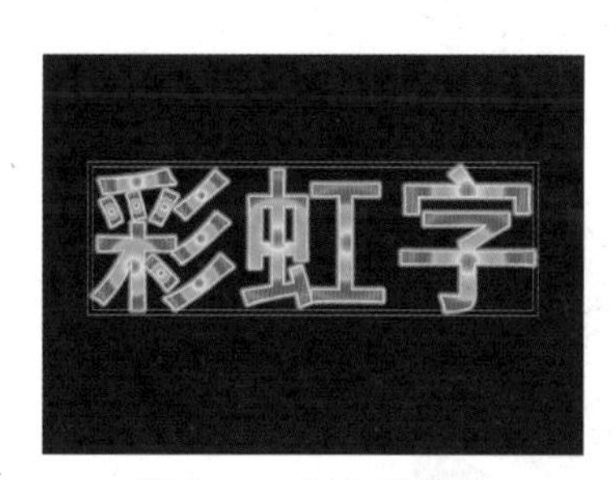

图 3-46　制作彩虹字

（10）选择【修改】→【变形】→【缩放】命令将文本缩放，如图 3-47 所示，在它的左侧再复制一个文本，如图 3-48 所示。

图 3-47　缩放文本

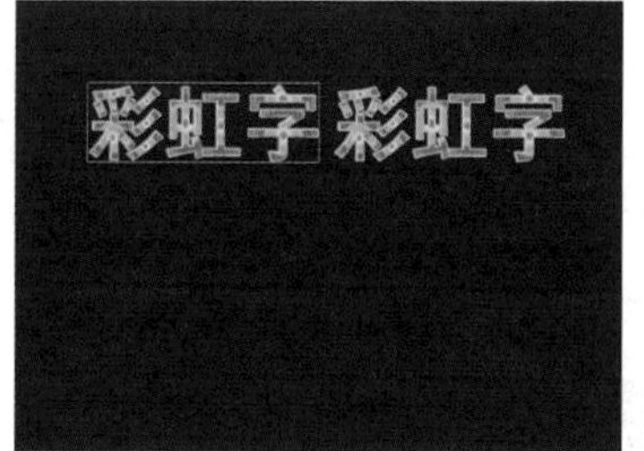

图 3-48　复制文本

复制过来的文本，如与右边的文本未对齐，可以把它们同时选中，按组合键“Ctrl+K”进行调整。

（11）用选择工具选取左侧文本，选择【修改】→【变形】→【水平翻转】命令将文本翻转，如图 3-49 所示，再选择【修改】→【变形】→【旋转与倾斜】命令，将两个文本分别沿逆时针和顺时针方向旋转，如图 3-50 所示，形成彩虹状。

（12）将文件保存为“彩虹字 .fla”。

图 3-49　翻转文本

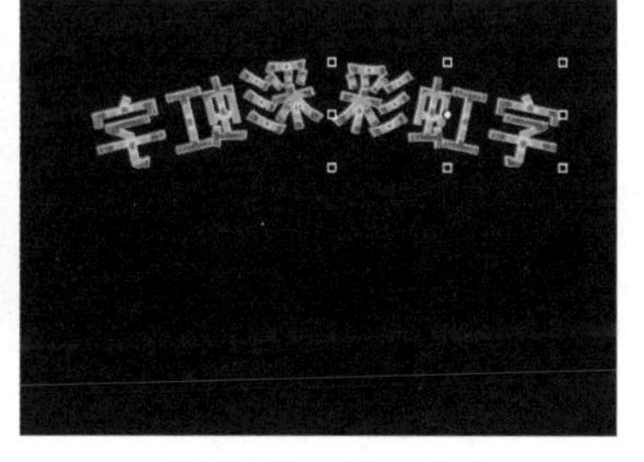

图 3-50　旋转文本

小提示

这里的彩虹字是用彩虹渐变色来填充文本的，我们也可以选择适当的位图来进行填充，使文字更美丽。

3.2.6　任务小结

这个任务中不仅完成了文本的属性设置，而且还有文本的缩放、旋转、变形和翻转等变换操作。文本变换操作有两种方法可以实现：一是用【修改】→【变形】命令来实现；二是用任意变形工具来实现。制作特殊的文字效果要根据实际需要，灵活运用各种方法恰当地进行设置。

3.2.7　任务拓展

1．任务描述

制作立体镂空字，熟练掌握编辑文本的方法。

2．任务分析

完成此任务需要创建文本，设置文本属性，然后再进行编辑等操作。

3．操作提示

（1）在工具箱中单击文本工具，“属性”面板中默认的文本类型是“静态文本”，字符系列为隶书，大小为 100.0 点，颜色为 #FF0000，如图 3-51 所示。在舞台中输入“美丽的镂空字”，如图 3-52 所示。

小提示

创建文本前，应先设置好文本的“属性”。

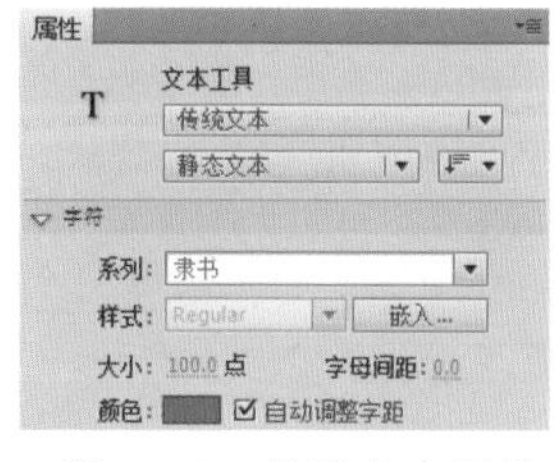

图 3-51　设置文本属性

图 3-52　添加文本

（2）按两次组合键“Ctrl+B”将文本分离，如图 3-53 所示。

（3）选取墨水瓶工具，在“属性”面板中，设置笔触颜

色为 #0000FF，笔触高度为 3.00，样式为锯齿线，如图 3-54 所示，逐个单击文本，添加边框路径，如图 3-55 所示。

图 3-53　分离文本

图 3-54　设置墨水瓶属性

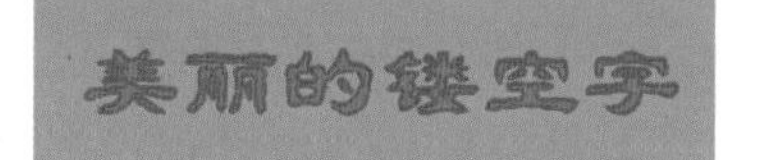

图 3-55　添加文本路径

（4）选取选择工具，单击文本的中间红色部分，按 Delete 键删除填充色，留下边框部分，就制作成镂空字了，如图 3-56 所示。

（5）选取任意变形工具，将文本变形，复制后错位重叠放在一起，制作成立体镂空字，使其更具艺术性，如图 3-57 所示。

图 3-56　制作镂空字　　图 3-57　变形后的立体镂空字

3.2.8　自主创作

1. 任务描述

通过“日”的甲骨文、隶书和楷书折射出汉字的演变过程，如图 3-58 所示。

图 3-58　文字的演变

2. 任务要求

可根据自己的创意，自主设置文本属性，要运用好常用的文本编辑方法，使文字有“如日中天”的感觉。

小提示

分离多个文字的文本需要两次分离。

小技巧

在删除文本内部前，为便于操作要先将显示比例放大到 200% 或 400%。

小辞典

汉字是世界上使用人数最多的一种文字，也是寿命最长的一种文字。

汉字经过了几千年的变化，从殷商、周、秦、汉、魏晋到今天，其演变过程是：甲骨文→金文→大篆→小篆→隶书→楷书→行书。

项目 4

让画面动起来

Flash 动画是基于帧构成的，根据动画制作的技术不同，分成两大类：逐帧动画和补间动画。

学习目标

（1）了解帧的概念和分类，理解动画的原理。

（2）了解逐帧动画的制作原理，熟练掌握逐帧动画的制作方法。

（3）了解形状补间动画和传统补间动画的特点及制作原理，熟练掌握补间动画的制作方法。

（4）综合应用多种动画进行动画制作，掌握各种动画的制作技巧。

任务 4.1　逐帧动画——爆竹声声辞旧岁

4.1.1　任务描述

每年的春节都要给亲朋好友送去祝福，现在电子贺卡就是个不错的选择，请制作一张动态贺卡，如图 4-1 所示，送上你的祝福吧。

图 4-1　爆竹声声辞旧岁

小资料

贺卡是人们在喜庆的日期或事件时互相表示问候的一种卡片，人们通过赠送贺卡进行情感沟通。贺卡上一般有一些祝福的话语，言简意赅，传达人们对生活的期冀与憧憬。

贺卡初期叫“名帖”，以介绍自己为主，西汉称之“谒”，东汉后叫“名刺”，唐宋以后称为“门状”或“飞帖”，到了明清，又叫“红单”、“贺年帖”等。近代意义上的贺卡源于圣诞卡，随后出现了各种节日贺卡。

在提倡低碳环保的今天，传统的贺年卡在与现代的网络技术融合后，又在虚拟的社会里，创造出电子贺卡（E-Card）。电子贺卡以其快速便捷，节约环保的特点，迅速成为一种时尚。

4.1.2 任务目标

（1）理解帧的概念，了解逐帧动画的制作原理。

（2）掌握时间轴上各种帧的设置方法。

（3）初步运用逐帧动画的制作方法进行创作。

4.1.3 任务分析

（1）导入背景图。

（2）制作倒计时。

（3）制作灯笼动画效果。

（4）绘制鞭炮，制作电子鞭炮。

（5）显示“恭贺新春”四个字。

4.1.4 任务准备

电影是通过每一格镜头连续播放形成的动态画面，在动画片中也需要定义一幅幅画面，由这些画面连续播放就形成动画，帧就相当于电影胶片上的每一格镜头。在时间轴上将这些画面逐帧绘制称为逐帧动画。

探索 1：什么是帧和关键帧

（1）新建 Flash 文档，设置舞台大小为 300 像素 ×400 像素，背景色为黑色。选择图层 1，命名为“烛台”，使用“铅笔工具”绘制烛台的线条，使用颜色工具对各部分填充。在第 10 帧右击，选择【插入帧】命令，如图 4-2 所示。

（a）

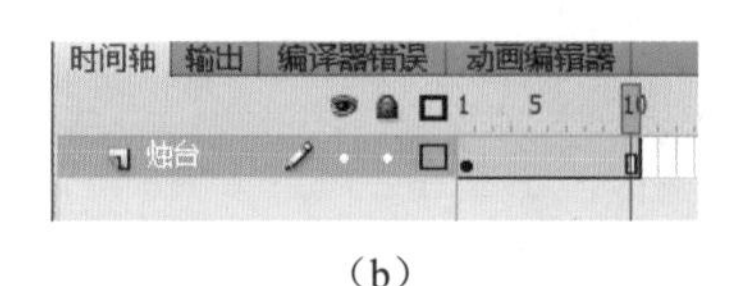

（b）

图 4-2 绘制烛台

（2）新建图层，将图层命名为“烛身”。在第 1 帧中，使用矩形工具，线条色设置为 #FFCC99，填充色设置为

小辞典

Flash 动画设计就是先绘制出图形、再运用逐帧动画、补间动画、遮罩与元件（主要是影片剪辑），通过这些元素的不同组合，从而可以创建千变万化的效果。

小辞典

帧：在 Flash 的时间轴上帧表现为一格或一个标记。

关键帧：是指角色或者物体运动或变化中的关键动作所处的那一帧。

空白关键帧：是指在一个关键帧里面什么对象也没有添加，以空心的加圆点表示。一旦有内容则变成关键帧，以实心圆点表示。

小提示

默认状态下，任意一个新增的场景或元件，Flash 都会在时间轴中自动安排一个图层并在开始位置放置一个空白关键帧。

小技巧

如果希望某处延续前一关键帧的内容，右击执行【插入帧】命令或按 F5 键，可以显示到该帧。中间帧为普通帧。如果是空白关键帧延续则中间帧为空白帧。

#FFCCCC，使用选择工具调整边缘形状，绘制蜡烛烛身。使用铅笔工具画出烛身上烛泪，线条颜色改为 #990000，绘制烛芯。使用刷子工具，填充色设置为 #F9F0BB，在烛身上画出烛泪淌下的部分，如图 4-3 所示。在第 10 帧按 F5 键。

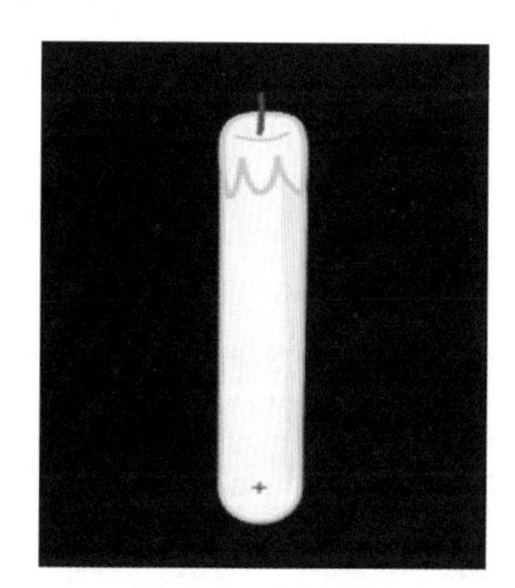

图 4-3　绘制蜡烛

小提示

在动画的制作过程中，假如编辑的对象太大或太小，调整场景的缩放比例，使设计更加方便。

（3）新建图层，命名为“烛火”，使用椭圆工具，绘制椭圆，使用选择工具，调整外部形状如图 4-4 所示。选中，将其复制两次，分别设置为橘色和红色，调整大小、层次和位置成为火焰。右击第 5 帧，执行【插入关键帧】命令，使用任意变形工具，将其略调大一些。在第 10 帧按 F5 键插入帧。

小技巧

如果延续并在其基础上进行编辑，就右击，执行【插入关键帧】命令或按 F6 键插入关键帧。

（a）　（b）

图 4-4　绘制火焰

（4）新建图层，命名为“烛光”，使用椭圆工具，填充色设置为径向渐变，左端色块颜色为 #FEFD81、透明度为 50%，右端色块颜色为 #FF3535、透明度为 0%，如图 4-5 所示绘制出烛光。在第 5 帧插入关键帧，使用任意变形工具，将其略调大一些。在第 10 帧按 F5 键插入帧，如图 4-6 所示。选择图层移动到“烛台”图层下方。

小提示

每个对象放在不同的图层上，方便编辑。图层编辑完后将其锁定避免误更改。

(a)

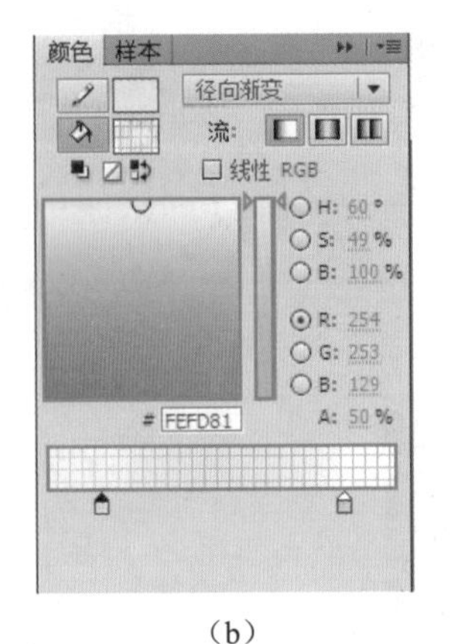

(b)

图 4-5　绘制烛光

(a)

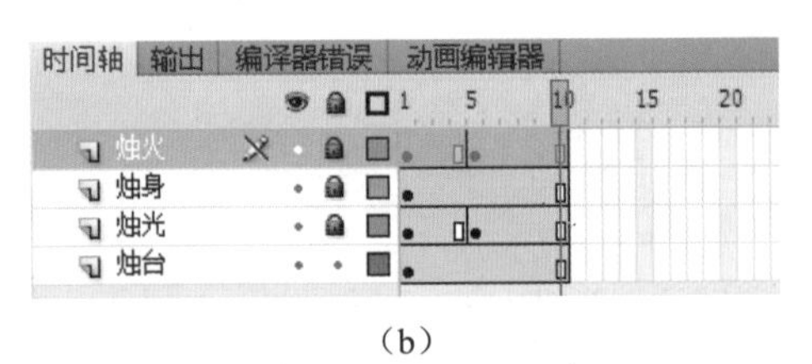

(b)

图 4-6　蜡烛动画

（5）保存为“蜡烛 .fla”，测试影片。

探索 2：什么是逐帧动画

（1）新建 Flash 文档，设置舞台大小为 400 像素 ×200 像素，背景色为黑色。

（2）在图层 1 第 5 帧插入空白关键帧，使用文本工具，设置颜色为红色，字体为华文行楷，字号为 96，输入“我”，如图 4-7 所示。

（3）在图层 1 第 3 帧插入关键帧，在“我”字后使用文本工具，输入“能”。

（4）在图层 1 第 5 帧插入关键帧，在“能”字后使用文本工具，输入“行”，如图 4-8 所示。

图 4-7　第 1 帧输入“我”

图 4-8　输入“我能行”

小提示

每秒钟播放的帧数（即帧频）少了就像幻灯片了，帧过多了成快进播放了，所以要结合做的内容，设置合适的频率。

小辞典

逐帧动画（Frame By Frame）：在“连续的关键帧”中分解动画动作，也就是在时间轴的每帧上逐帧绘制不同的内容，使其连续播放而成动画。

小技巧

如果此处内容和前一关键帧内容完全不同时，就执行【插入空白关键帧】命令或按 F7 键插入空白关键帧，再填充内容。此例在第 3、5 帧按 F7 键插入空白关键帧，再输入单个文字则效果不同。

（5）“我能行”时间轴如图 4-9 所示，保存为“我能行 .fla”，测试影片。

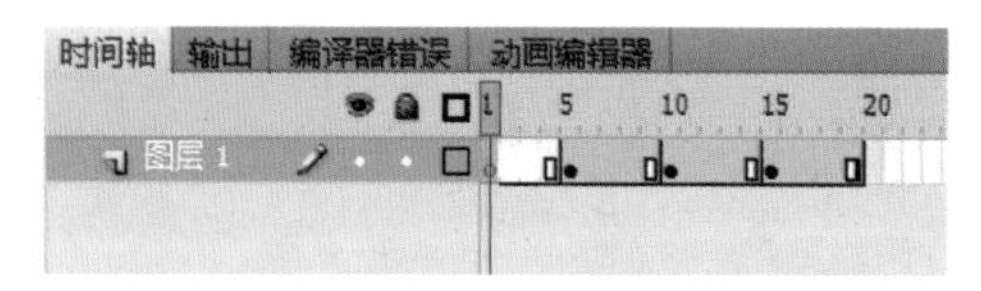

图 4-9 “我能行”时间轴

4.1.5 任务实施

（1）新建一个 Flash 文档，设置舞台大小为 550 像素 × 400 像素。将图层 1 命名为“背景”，选择【文件】→【导入】→【导入到舞台】命令，导入“新春 .jpg”，用任意变形工具将图片调整大小和位置，如图 4-10 所示。在第 100 帧按 F5 键延续显示帧。

图 4-10 插入背景

背景也可以自己绘制。

（2）新建图层，命名“倒计时”，分别在第 1 帧、第 5 帧、第 10 帧、第 15 帧和第 20 帧使用文本工具输入“5”、“4”、“3”、“2”、“1”，如图 4-11 所示。将所有数字对齐，在第 25 帧插入空白关键帧。

可以单击编辑多个帧，范围设置为 1 ～ 20 帧，选择全部内容，打开“对齐”面板将数字全部对齐。

图 4-11 输入数字倒计时

（3）选择【插入】→【新建元件】命令，命名为“灯笼”，选择类型为“图形”，单击“确定”按钮。使用绘图工具绘制灯笼，用任意变形工具调整图片的大小和位置，如图 4-12 所示。

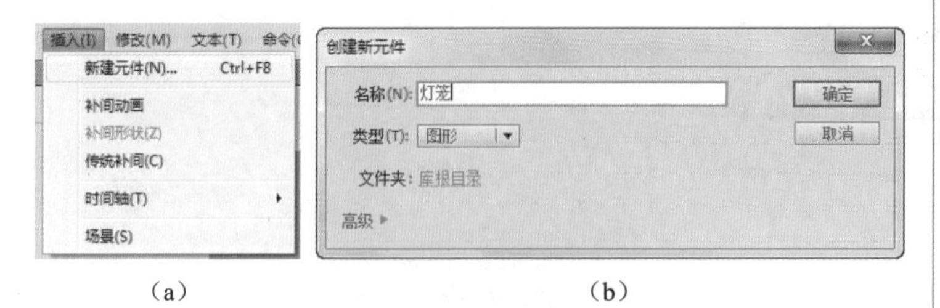

（a）　　　　（b）

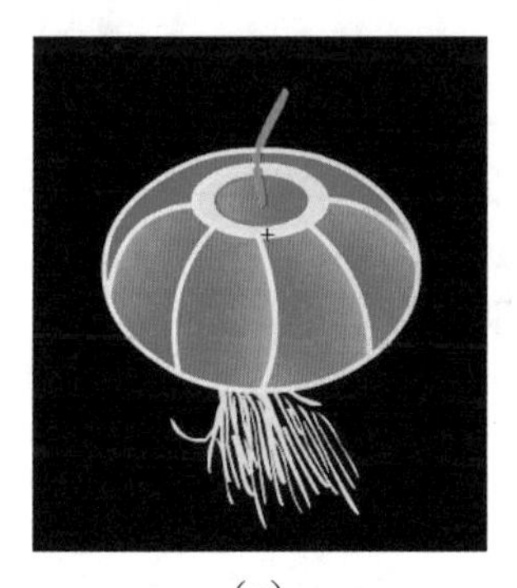

（c）

图 4-12 “灯笼”元件

（4）切换到场景，新建图层，将图层命名为“灯笼”，在第 25 帧插入空白关键帧，打开库面板，插入灯笼元件，使用任意变形工具调整好位置和大小。在第 35、45、55 帧插入关键帧，继续插入三个“灯笼”元件，如图 4-13 所示。在第 100 帧按 F5 键插入帧。

图 4-13 插入“灯笼”元件

（5）选择【插入】→【新建元件】命令，新建图形元件，命名为“鞭炮”，使用绘图工具绘制鞭炮，如图 4-14 所示。

小提示

在 Flash 中，将重复使用元素创建为“元件”。

小资料

创建逐帧动画的几种方法：

（1）用 JPG、PNG 等格式的静态图片连续导入 Flash 中，建立一段逐帧动画。

（2）在场景中一帧帧的画出帧内容可以绘制矢量逐帧动画。

（3）用文字作为帧中的元件，实现文字跳跃、旋转等特效逐帧动画。

（4）导入 GIF 序列图像、SWF 动画文件或者利用第 3 方软件（如 Swish、Swift 3D 等）产生的逐帧动画序列。

图 4-14 “鞭炮”元件

（6）选择【插入】→【新建元件】命令，建立影片剪辑元件，命名为“爆炸”。使用绘图工具在第 1 帧绘制，在第 2 帧插入关键帧，使用任意变形工具旋转并略微放大，再用铅笔工具，设置线条色为 #FF9900，绘制出炸开的光，如图 4-15 所示。

小提示

在进行多帧编辑时，编辑的是场景中全部对象，为了避免误操作，要将一些不需要编辑的图层进行锁定。

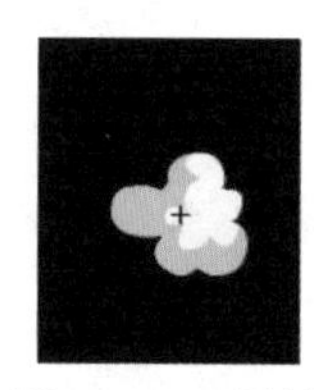

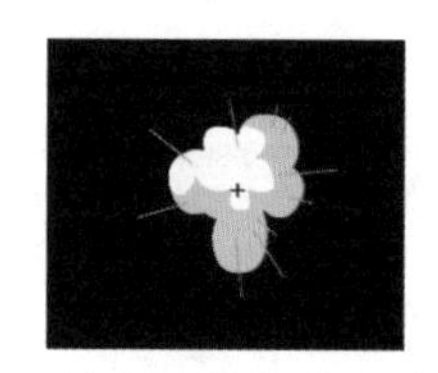

图 4-15 “爆炸”元件第 1 帧和第 2 帧

（7）切换到场景，新建图层，命名为“鞭炮”。选择第 25 帧插入关键帧，从库中将元件“鞭炮”拖入场景，并复制成一串，选择所有鞭炮，在右边复制一串，如图 4-16 所示。选择第 30 帧插入关键帧，删除最下边一组鞭炮，如此在第 35、40、45、50、55、60、65、70、75、80 帧，将鞭炮一组组删除。

小提示

串起来的鞭炮都是两个两个地炸，所以用两个鞭炮为一组。

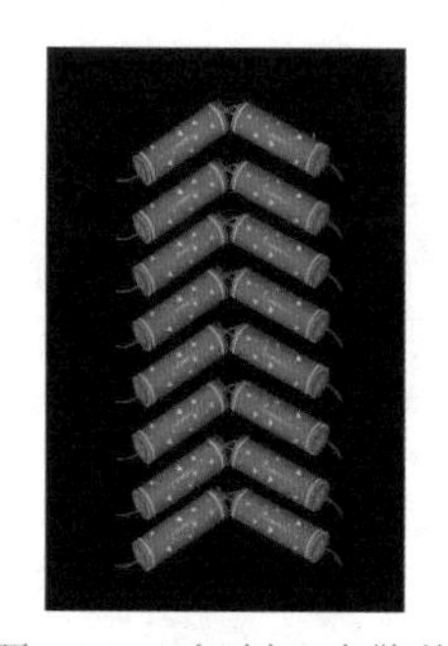

图 4-16 复制一串鞭炮

（8）新建图层，命名为“爆炸”。选择第 27 帧插入关键帧，从库中将元件“爆炸”拖入场景，并复制三个，移动到最下方鞭炮引线处，如图 4-17 所示。选择第 32 帧插入关键帧，将爆炸火花移到第二组鞭炮引线上。以此类推，分别在第37、42、47、52、57、62、67、72、77帧插入关键帧，每次都将火花移至所见最下方鞭炮引线上。在第80帧插入空白关键帧。

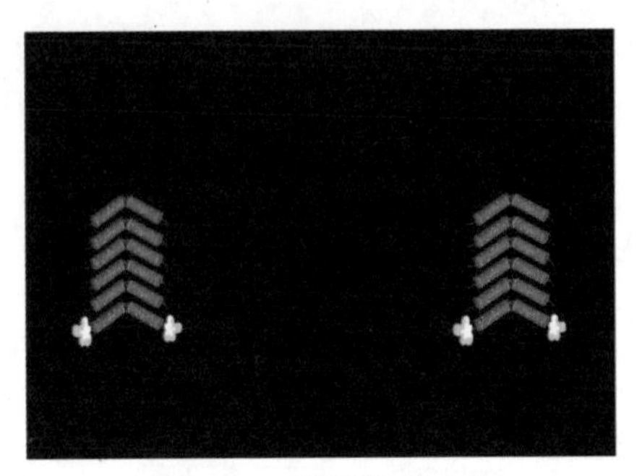

图4-17　放置爆炸火花

（9）新建图层，命名为“文字”。在第80帧插入关键帧，使用文本工具，设置颜色为黄色，在四个灯笼上分别输入“恭贺新春”，如图4-18所示。选择所有字，按组合键“Ctrl+B”分离，设置笔触颜色为红色，使用墨水瓶工具，在文字上描边。在第100帧按F5延续显示帧。

图4-18　在灯笼上添加文字

（10）新建图层，命名“声音”。选择【文件】→【导入】→【导入到库】命令，导入“爆竹声.mp3”，在第25帧插入关键帧，从库中插入爆竹声。在第100帧按F5延续显示帧，如图4-19所示。

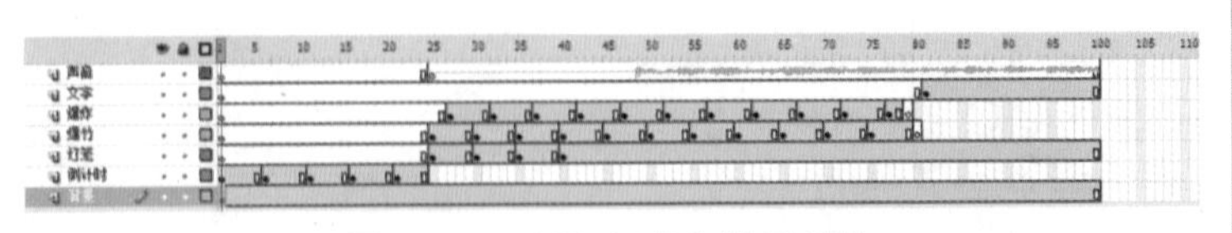

图4-19　“新年贺卡”图层结构

小提示

逐帧动画的特点：

（1）逐帧动画中每帧的内容不同，制作工作量大并且最终输出的文件量也很大。

（2）适合于表现很细腻的动画。

小技巧

插入声音：导入声音文件到库，打开库，将导入的声音拖到指定的帧中。

（11）保存为“新年贺卡 .fla”，测试影片。

4.1.6　任务小结

通过此任务我们知道了 Flash 动画是通过编排时间轴上的帧内容完成的。创建逐帧动画就是将每一帧都定义成关键帧，然后给每个关键帧创建不同的内容。

4.1.7　任务拓展

1．任务描述

大雁向南飞，排成“人”字形，如图 4-20 所示。

图 4-20　大雁南飞效果图

小提示

逐帧动画是由一帧一帧的画面组成，具有非常大的灵活性，几乎可以表现任何想表现的内容。例如：人物或动物急剧转身、头发及衣服的飘动、走路、说话以及精致的 3D 效果等。

2．任务分析

创建大雁飞的影片剪辑元件，元件中身体部分是静止的，翅膀是由 8 张图片构成的逐帧动画，加上眼睛的眨动构成生动的大雁飞动效果。在场景上添加蓝天的背景图，将大雁影片剪辑多次拖到场景中，调整每个实例的大小和位置形成“人”字。

小提示

“影片剪辑”元件相当于编排好动作的“演员”。

3．操作提示

（1）选择【文件】→【打开】命令，打开“大雁南飞 .fla”文件。

（2）将图层 1 命名为“背景”，在第 1 帧绘出渐变的蓝天背景，在第 20 帧按 F5 键。

（3）创建“眼睛”元件。

选择【插入】→【新建元件】命令，新建一个影片剪辑元件，命名为“眼睛”。在图层 1 的第 1 帧绘制眼睛，在第 20 帧按 F5 键。新建图层 2，在第 8 帧插入空白关键帧绘制出眼皮，遮挡眼睛一小部分，在第 9、10 帧插入关键帧，将眼皮变大，直到完全盖住眼睛。在第 20 帧按 F5 键，制作出眨眼效果，如图 4-21 所示。

若要使不同图层或帧的内容完全重合，可以在对象属性中设置为相同的横坐标和纵坐标。

图 4-21　绘制眼睛

（4）创建“大雁”元件。

选择【插入】→【新建元件】命令，新建一个影片剪辑元件，名称为“大雁”。在图层 1 命名为“身体”，打开库，插入大雁身体。新建图层 2 命名为“翅膀”，将第 1 帧至第 8 帧插入 8 个关键帧，将库中的 8 张翅膀图片按序号顺序分别插入这 8 帧，如图 4-22 所示。

（1）大雁身体和翅膀图片已导入库中，可直接调用。

（2）注意翅膀的顺序和在身体的位置。

图 4-22　插入大雁翅膀

（5）在“身体”图层上，新建图层 3，命名为“眼睛”。将库中的影片剪辑元件“眼睛”插入，调整大小位置到眼部，在第 20 帧按 F5 键延续显示帧，如图 4-23 所示。

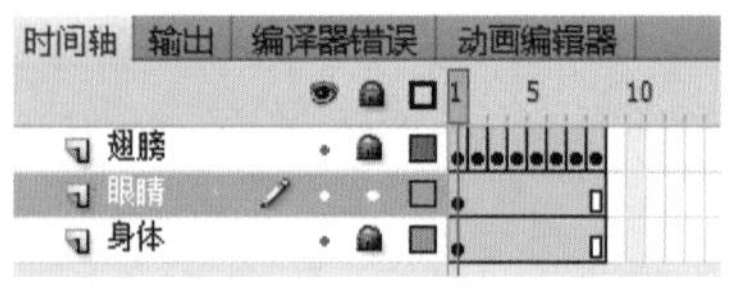

（a）　　　　（b）

图 4-23　影片剪辑“大雁”及图层结构

（6）切换到主场景中，新建图层，命名为“大雁”。在第 1 帧将库中的元件“大雁”插入场景，复制多个，并调整大小位置为“人”字形。

（7）保存，测试影片。

4.1.8 自主创作

1．任务描述

在一些影片的片头常能看到手写标题，大气磅礴。请给某部影片书写一个标题。

2．任务要求

（1）导入“动画城”影片海报图片。

（2）以书写的方式写出标题，如图 4-24 所示。

图 4-24 影片片头动画效果

（1）书写时以倒序的方式添加关键帧，然后一点点擦除，再将所有帧翻转。

（2）只有将文字“分离”为形状才能擦除，擦除时要注意笔画的书写顺序。

任务 4.2 形状补间动画——神奇的线条

4.2.1 任务描述

小时候都玩过一种玩具叫万花尺，无尽的变幻让我们惊叹，这组线条的变幻就是动态的万花尺，如图 4-25 所示。

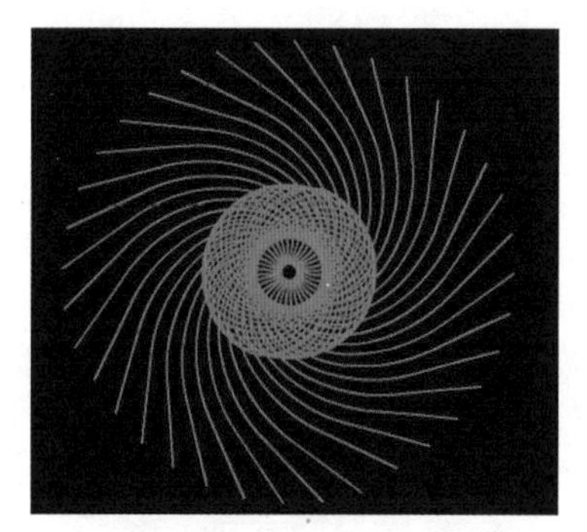

图 4-25 神奇的线条

万花尺是一种可以画出不计其数的花色图案的美术工具。万花尺约流行于上个世纪末的 80 ～ 90 年代，也称百变尺、画花行家等。万花尺由母尺和子尺两部分组成。母尺是内环形齿轮，子尺是带多孔的外环形齿轮。作画时，将子尺内置于母尺内环之中，轮牙镶嵌，笔头插在子尺的小孔中，用笔带动子尺顺着母尺的内沿齿轮反复作圆周运动。在作画过程中，两者内外齿要始终靠合。完成后纸上便会留下一个不可思议的美丽花朵。

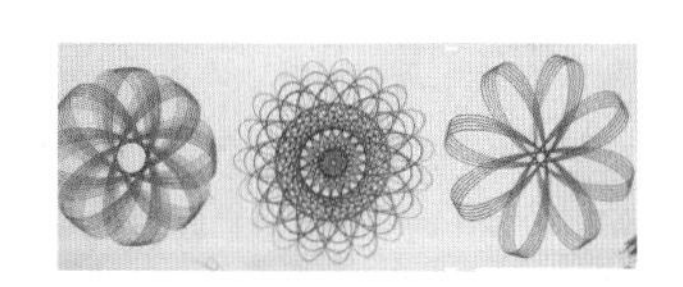

4.2.2 任务目标

（1）了解形状补间动画的制作原理。
（2）初步运用形状补间动画的制作方法进行创作。

4.2.3 任务分析

（1）线条在形状和颜色间进行变换。
（2）复制若干变换的线条组成图案。

4.2.4 任务准备

如果每个动画都用逐帧动画去实现的话工作量将会非常大，在 Flash 中可以大量运用补间动画去制作完成。

探索 1：什么是形状补间动画

（1）新建 Flash 文档，设置舞台大小为 500 像素 ×400 像素，背景色为白色。选择第 1 帧，使用椭圆工具，笔触颜色无，填充色为 #FF0000，按住 Shift 键，绘制红色正圆，如图 4-26 所示。

图 4-26　第 1 帧绘制圆

（2）在第 30 帧插入空白关键帧，使用多角星形工具，边数设置为 3，笔触颜色无，填充色为 #FFFF00，绘制三角形，如图 4-27 所示。

图 4-27　第 30 帧绘制三角形

（3）在时间轴上选择中间任一帧，如第 15 帧，右击，在弹出的快捷菜单中选择【创建补间形状】命令，如图 4-28 所示。

小辞典

补间动画：建立两个关键帧，并确定其内容，在两个关键帧之间由计算机自动运算产生过渡效果的动画。

小提示

补间动画分为形状补间动画、传统补间动画和补间动画。

小辞典

形状补间动画：在时间轴的一个关键帧上绘制一个形状，然后在另一个关键帧上更改该形状或绘制另一个形状，Flash 将自动根据二者之间的帧的值或形状来创建的动画。

小提示

形状补间动画可以实现两个图形之间颜色、形状、大小、位置的相互变化。

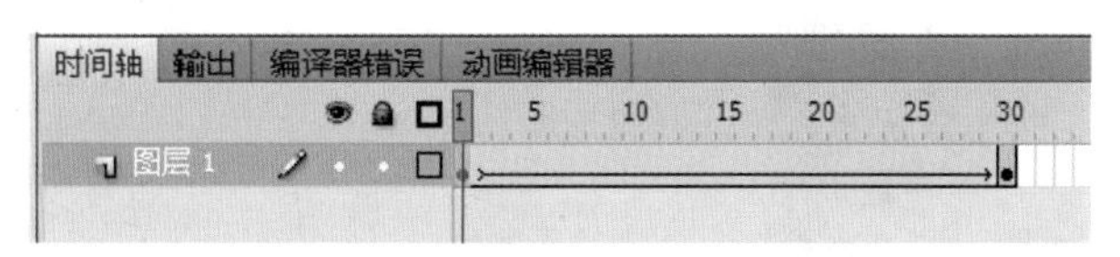

图 4-28　形状补间动画时间轴

（4）形状补间动画绘图纸外观和过渡帧如图 4-29 所示，保存为“形状变换 .fla”，测试影片。

图 4-29　形状补间动画绘图纸外观和过渡帧

探索 2：如何控制形状变化

（1）在“形状变换 .fla”图层 1 的第 60 帧插入空白关键帧，使用矩形工具，填充色为 #0000FF，按住 Shift 键，绘制一蓝色正方形，在第 30 帧右击，在弹出的快捷菜单中选择【创建补间形状】命令。

（2）选择第 30 帧，执行【修改】→【形状】→【添加形状提示】命令，场景中出现 ●，继续按组合键“Ctrl+Shift+ H”三次，添加“b”、“c”、“d”形状提示符，如图 4-30 所示。

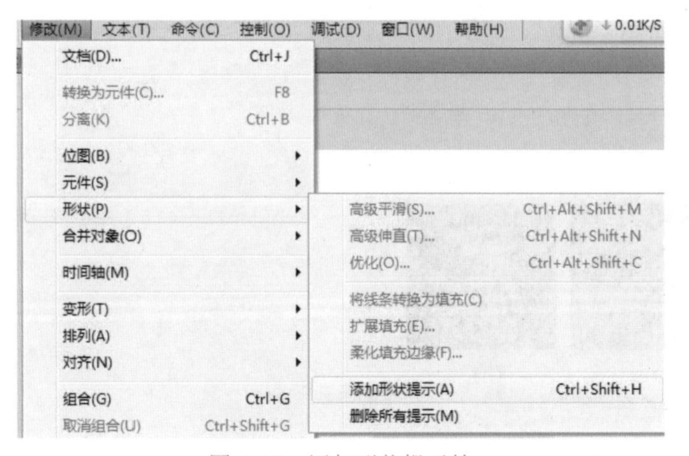

图 4-30　添加形状提示符

（3）将四个形状提示符使用选择工具分别移至如图 4-31（a）位置（c、d 在同一位置），选择第 60 帧的正方形，将形状提示符放置在如图 4-31（b）所示的位置。

小提示

形状补间动画建立后，时间帧面板的背景色变为淡绿色，在起始帧和结束帧之间也有一个长长的实线箭头。

小提示

Flash 动画设计中用“绘图纸外观”可以同时显示和编辑多个帧的内容，可以在操作的同时，查看帧的运动轨迹，方便对动画进行调整。步骤为：单击“时间轴”面板下方的“绘图纸外观”按钮 ，在时间轴上设置“绘图纸起始点”和“绘图纸终止点”标记。如果再单击“绘图纸外观”按钮，则取消多帧查看效果。

小辞典

形状提示符用于标识起始形状和结束形状中的相对应的点，控制复杂的形状变化。

使用形状提示的方法：

（1）选择补间形状序列中的第一个关键帧。

（2）选择【修改】→【形状】→【添加形状提示】命令。

（3）将形状提示移动到要标记的点。

（4）选择补间序列中的最后一个关键帧。结束形状提示会在该形状的某处显示一个带有字母 a 的绿色圆圈。

（5）将形状提示移动到结束形状中与标记的第一点对应的点。

（6）重复这个过程，添加其他的形状提示。将出现新的提示，所带的字母如下（b、c，依此类推）。

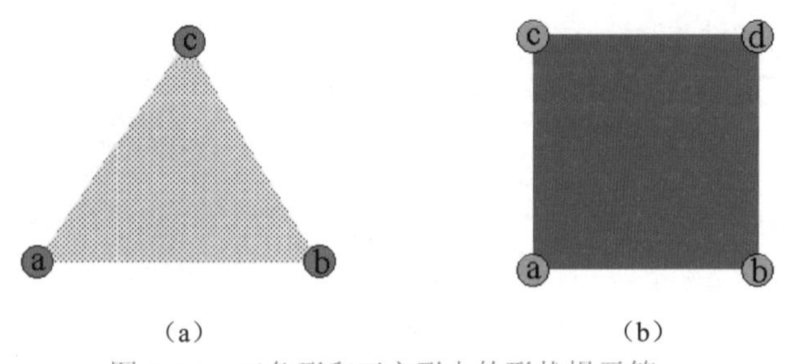

图 4-31　三角形和正方形上的形状提示符

小提示

添加形状提示要先创建形状补间动画，此选项才生效。

起始关键帧上的形状提示是黄色的，结束关键帧的形状提示是绿色的，当不在一条曲线上时为红色。

（4）保存，测试影片。

4.2.5　任务实施

（1）新建一个 Flash 文档，设置舞台大小为 550 像素 × 400 像素，背景色设置为黑色。

（2）选择【插入】→【新建元件】命令，选择“影片剪辑”，命名为“线条”，在第 1 帧使用直线工具，笔触颜色设置为#FFFFFF，笔触大小为3，绘制一条直线，如图 4-32(a) 所示。

（3）在第 20 帧插入空白关键帧，使用铅笔工具，笔触颜色设置为 #CC3366，笔触大小为 3，绘制一条曲线，如图 4-32（b）所示。

（4）在第 40 帧插入空白关键帧，使用多角星形工具，样式为多边形，边数为 3，笔触颜色设置为 #FF9933，填充色无，笔触大小为 3，绘制三角形，如图 4-32（c）所示。

（5）在第 60 帧插入空白关键帧，使用多角星形工具，样式为星形，笔触颜色设置为 #00FF00，填充色无，笔触大小为 3，绘制五角星形，如图 4-32（d）所示。

小提示

构成形状补间动画的元素多为用鼠标或压感笔绘制出的形状，而不能是图形元件、按钮、文字等，如果要使用图形元件、按钮、文字，则必先“分离”(按组合键“Ctrl+B”)后才可以做形状补间动画。

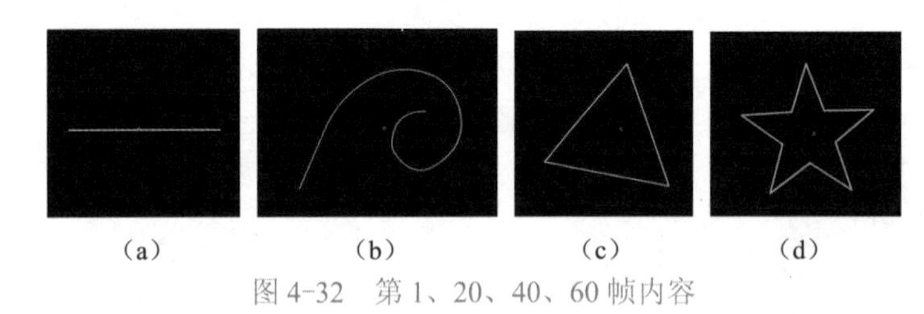

图 4-32　第 1、20、40、60 帧内容

（6）选择第 1 帧，右击，选择【复制帧】命令。选择第 80 帧，右击，选择【粘贴帧】命令。

（7）选择图层 1 中 1 ~ 80 帧所有帧，右击，选择【创建补间形状】命令，如图 4-33 所示。

小提示

两帧内容相同可以通过复制帧完成。

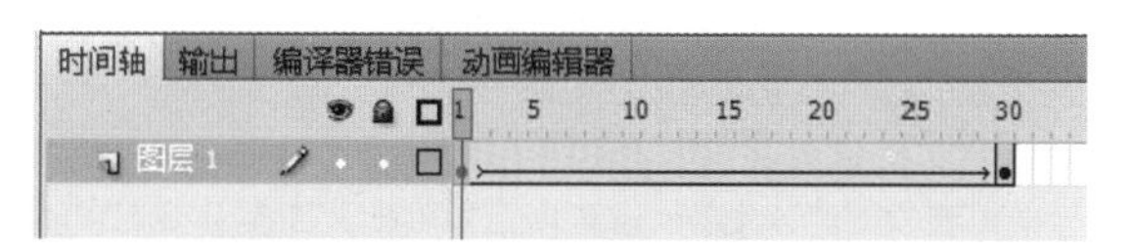

图 4-33 “线条”影片剪辑时间轴

（8）切换到场景，在第 1 帧，打开库，将元件“线条”插入场景，使用任意变形工具选择线条，将中心点拖曳到如图 4-34 所示位置。

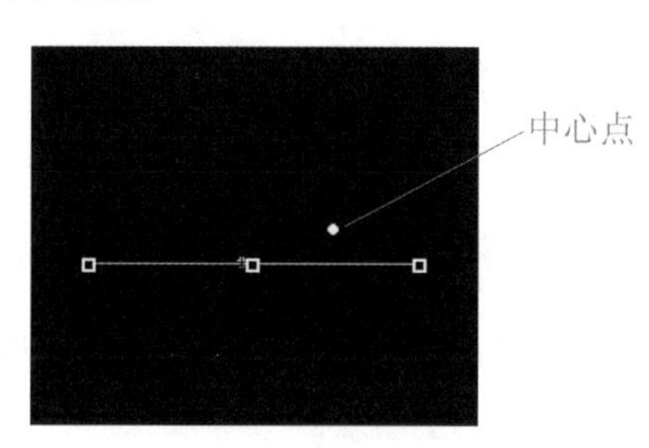

图 4-34 改变直线中心点位置

（9）打开“变形”面板，设置旋转角度为 10°，单击“重置选区和变形”按钮，复制，使其旋转一周，如图 4-35 所示。

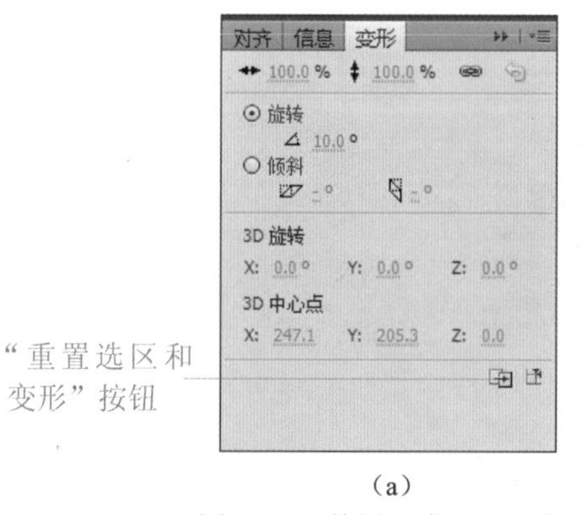

（a）

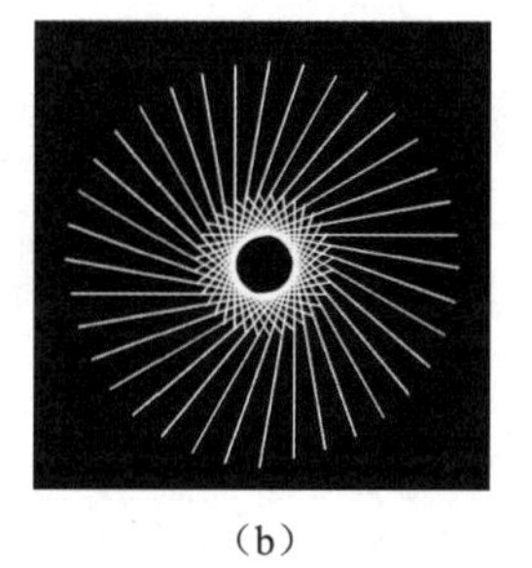

（b）

图 4-35 使用“变形”面板旋转并复制

（10）保存为“神奇的线条 .fla”，测试影片。

4.2.6 任务小结

形状补间动画是 Flash 中非常重要的表现手法之一，运用它可以变幻出各种奇妙的、不可思议的变形效果。本任务从形状补间动画基本概念入手，带你认识形状补间动画在时间帧上的表现，了解补间动画的创建方法，学会应用“形状

如果创建形状补间，关键帧间为虚线，则表示动画创建不成功，一般为起始关键帧中至少有一帧没有“分离”为形状。

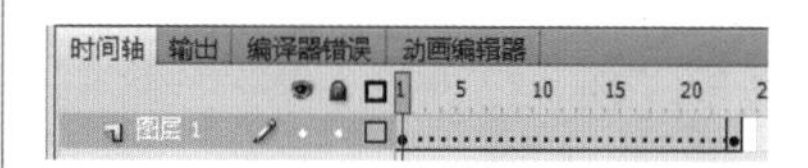

中心点不同、旋转角度不同，效果不同。

如果线条较长，先旋转复制，再全选后用任意变形工具整体调整。

提示”让图形的形变自然流畅。

4.2.7 任务拓展

1．任务描述

气球飞起变成“美丽家园”4 个字，如图 4-36 所示。

图 4-36 “美丽家园”效果图

2．任务分析

4 个不同颜色的气球从下方飞起，升空后分别变成“美丽家园”4 个字。4 个气球分别在 4 个不同的图层，先是运用形状补间使气球位置发生变化，停留一段时间后再运用形状补间使气球变成文字，如图 4-37 所示。

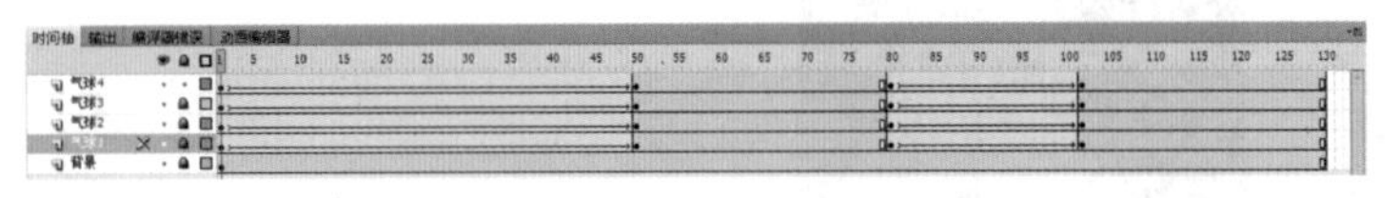

图 4-37 “美丽家园”图层结构

3．操作提示

（1）新建一个 Flash 文档，设置舞台大小为 550 像素 × 300 像素，背景色设置为白色。

（2）将图层 1 命名为“背景”，在第 1 帧执行【文件】→【导入】→【导入到舞台】命令，选择“家 .jpg”，单击“导入”按钮。

（3）新建图层，命名为“气球 1”，在第 1 帧使用“椭圆工具”在图片位置下面绘制蓝色气球。

（4）在第 50 帧插入关键帧，将气球位置移到上方。选择中间帧创建形状补间。

（5）在第 80 帧插入关键帧，在第 100 帧插入空白关键帧，用文字工具输入“美”，按组合键“Ctrl+B”，“分离”

图片太大时可以先使用“属性”面板设置宽度和高度，再使用“对齐”面板，使其相对于舞台居中。

气球使用径向填充更有立体感。

文字为形状，选择第 80 帧创建形状补间。在第 130 帧按 F5 键。

（6）以此方法完成其余三个气球的制作。

（7）保存为“美丽家园 .fla”，测试影片。

4.2.8 自主创作

1．任务描述

一个小精灵可以千变万化，如图 4-38 所示，试着让它变成美女、帽子、鲜花……

图 4-38 变、变、变

导入的位图，要先“分离”，再用魔棒工具选择四周白色部分将其删除，再进行形状补间变化。

2．任务要求

（1）背景色变化 4 种颜色。

（2）使用逐帧动画制作画框闪动。

（3）文字在“变、变、变”中显现出字体、颜色的多种变化。

（4）小精灵变成美女、帽子、鲜花等，再变回小精灵。

任务 4.3 传统补间动画——父爱如山

4.3.1 任务描述

你看到父亲耳边的白发了吗？这么多年父亲一直默默地为我们做着事，如图 4-39 所示，让这 4 幅温馨的画面在音乐中以不同方式呈现，在父亲节送给父亲吧，感谢父亲对我们的关爱。

图 4-39 父爱如山

父亲节：为每年6月的第三个星期日，是一年中特别感谢父亲的节日。这个节日起源于美国（现已广泛流传于世界各地，节日日期因地域而存在差异），一般在父亲节这天，人们选择特定的鲜花来表示对父亲的敬意。子女佩戴红玫瑰表示对健在父亲的爱戴，佩戴白玫瑰表示对已故父亲的悼念。现今，大多儿女给父亲寄贺卡，或买领带、袜子之类的小礼品送给父亲，以表达对父亲的敬重。

4.3.2 任务目标

（1）初步掌握元件的创建方法。

（2）掌握传统补间动画的原理及制作方法。

（3）初步运用传统补间动画，制作丰富的动画效果。

（4）了解 Flash CS5 中创建补间动画的方法，并能区分与传统补间动画的不同。

4.3.3 任务分析

（1）导入背景图片。

（2）制作第 1 幅图由右上移入，再移至左下角。

（3）制作第 2 幅图由小到大展开，再移至右下角。

（4）制作第 3 幅图淡入进来，再移至左上角。

（5）制作第 4 幅图旋转入场，再移至右上角。

（6）绘制心形图案，运用形状补间动画变形成文本“父爱如山”。

4.3.4 任务准备

传统补间动画是补间动画的另一种类型，在 Flash 中运用更为广泛。

探索 1：尝试图形元件基本操作

小提示

元件分为图形、按钮或影片剪辑，创建后保存在库中。

（1）新建 Flash 文档，设置舞台大小为 500 像素 ×400 像素。选取矩形工具，填充色设置为径向渐变，左端色块颜色为 #FFCCFF，右端色块颜色为 #FF66FF，绘制矩形作为背景，如图 4-40 所示。

图 4-40　绘制背景

静态的图形一般创建为图形元件，图形元件也可以是动画片断，但会与主时间轴同步运行。

动态的、独立于主时间轴循环播放的动画片段创建为影片剪辑元件。

（2）新建图层，在第 1 帧，使用多角星形工具，打开“属性”面板，设置样式为星形，边数设置为 5，笔触颜色无，填充色为 #FF0000，绘制五角星，如图 4-41 所示。

图 4-41　绘制五角形

图形元件创建可以在舞台中绘制一个图形，选择它右击，执行“转化为元件”命令或按 F8 键，打开“转换为元件”选项框，选择类型，命名。也可以执行【插入】→【新建元件】命令或按组合键“Ctrl+F8”，在打开的“元件”的窗口，绘制图形，新建一个元件。

（3）用选择工具选中五角星，使用转换锚点工具，拖动五角星的 5 个顶部锚点，使其转化为曲线，如图 4-42 所示。

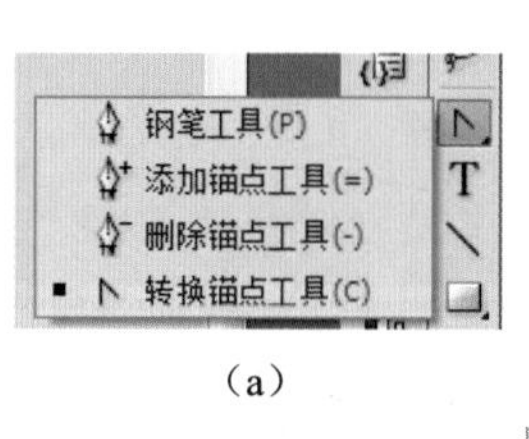

（a）

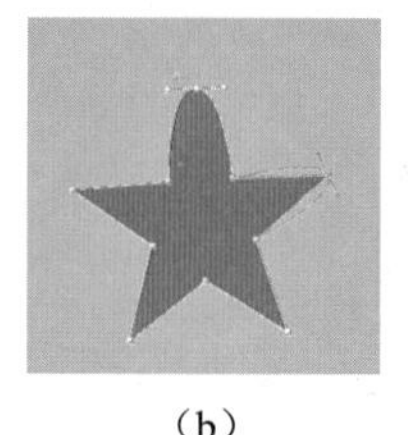

（b）

（c）

图 4-42　转化锚点

（4）使用填充工具，设置填充为径向填充，左端色块颜色为 #FFCC00，右端色块颜色为 #FF3333，在图形中心处单击，填充为渐变色，使之变成花朵形状。选中花朵，右击，执行【转化为元件】命令，选择“图形”，命名为“花”，如图 4-43 所示。

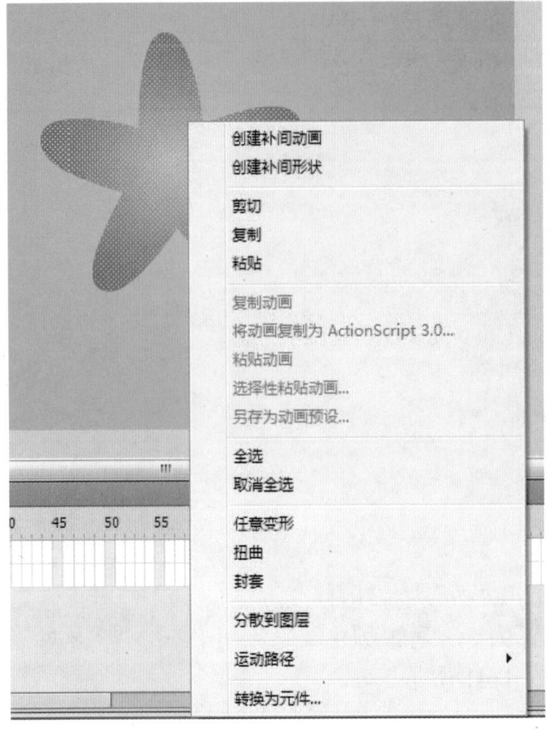

（a）

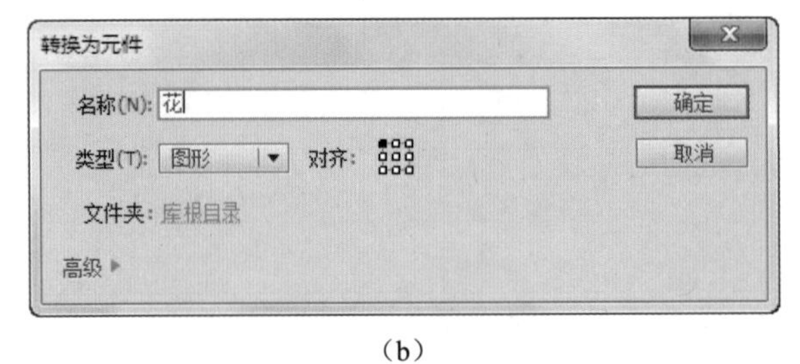

（b）

图 4-43　转化为元件

建立的元件通过“库”面板插入到场景中，可以在影片中多次使用。场景中的元件称为实例，通过设置不同的属性值使其发生变化，但不改变元件本身。

（5）打开“库”面板，拖动花朵元件到场景 4 次，分别放置 4 角。选中中间的花朵，使用任意变形工具，调整其大小；选中边上 4 个花朵，单击“属性”面板，在样式中，分别调整亮度、色调、Alpha 值和高级选项，如图 4-44 所示。

执行【窗口】→【库】命令或按组合键“Ctrl+L”打开“库”面板。

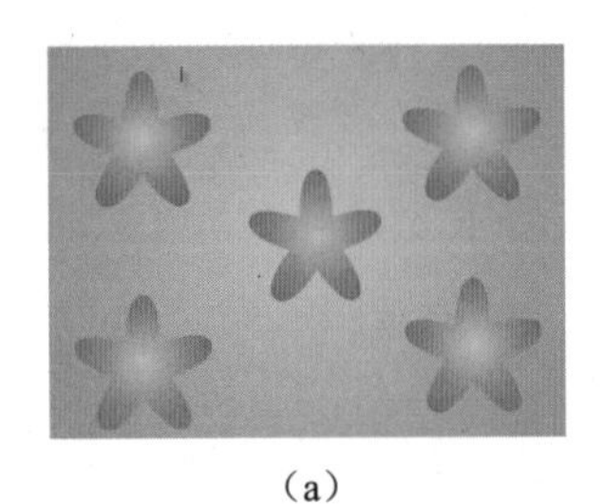

（a）

（b）

图 4-44　调整元件属性前后

（6）单击“库”面板，双击元件“花朵”，进入元件编辑界面，使用选择工具调整花朵外形，切换到场景，场景中所有花朵外形发生改变，如图 4-45 所示。

（a）

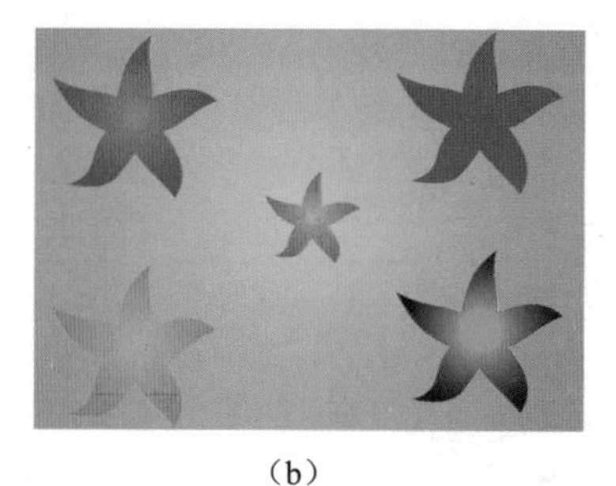

（b）

图 4-45　编辑元件

（7）保存为“鲜花朵朵 .fla”，测试影片。

探索 2：传统补间动画的创建方法

（1）新建 Flash 文档，设置舞台大小为 550 像素 ×400 像素，背景色为 #339966。

（2）选择图层 1，命名为“地面”，在第 1 帧，使用矩形工具绘制一个黑色矩形作为地面，如图 4-46 所示。

图 4-46　绘制地面

（3）选择【插入】→【新建元件】命令，新建图形元件，命名为“小球”。使用椭圆工具，填充色设置为径向渐变，左端色块颜色为 #FFFF99，右端色块颜色为 #FF6600，按住 Shift 键，绘制一个小球，如图 4-47 所示。

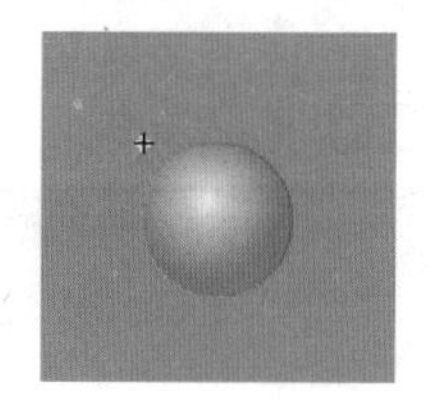

图 4-47　创建“小球”元件

小提示

打开“库”面板双击元件或直接在舞台上双击元件都可以对元件进行编辑，编辑后场景中的实例随之发生变化。

小辞典

传统补间动画：前期版本也称动作补间动画，是指在 Flash 的时间帧面板上，在一个关键帧上放置一个元件，然后在另一个关键帧改变这个元件的大小、颜色、位置、透明度等，Flash 将自动根据二者之间的帧的值创建的动画。

小提示

构成传统补间动画的元素是元件，包括影片剪辑、图形元件、按钮、文字、位图、组合等，但不能是形状，只有把形状组合（按组合键“Ctrl+G”）或者转换成元件后才可以做传统补间动画。

（4）切换到场景，新建图层，命名为“小球”。单击“库”面板，在第1帧，将库中“小球”元件拖入，如图4-48所示。

图4-48　插入小球

（5）分别在第25、50帧插入关键帧，单击第25帧，使用“选择工具”选中小球，将小球移动到如图4-49所示下方。

图4-49　移动第25帧小球

（6）选择第1帧，右击，执行“创建传统补间”命令；选择第25帧，右击，执行“创建传统补间”命令，如图4-50所示。

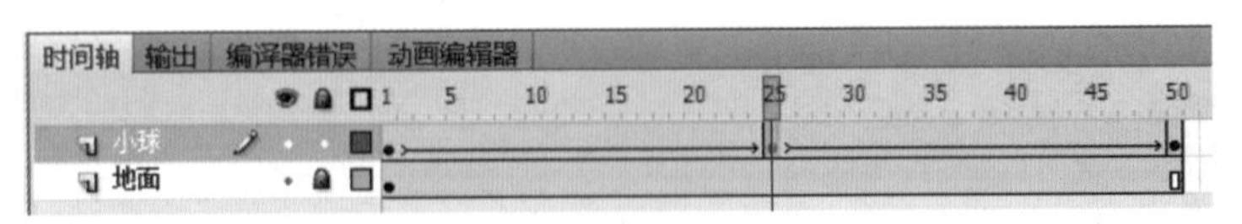

图4-50　在第1帧和第25帧创建传统补间动画

（7）保存为“小球跳动.fla”，测试影片，观察到小球可以上下跳动。

如果一个对象往复运动，需要设置三个关键帧，起始和结束关键帧相同，只有中间关键帧不同，那么可以先插入关键帧，再改变中间关键帧的内容。

按住Shift键移动时可保持垂直方向。

传统补间动画建立后，时间帧面板的背景色变为淡紫色，在起始帧和结束帧之间有一个长长的实线箭头。

如果动画创建后帧间为虚线箭头，则动画创建失败。有可能是起始关键帧中放置了不同的对象或对象被分离为形状。

（8）选择第 1 ～ 25 帧中间任一帧，打开帧“属性”面板，在“缓动”项中设置为“-100”，如图 4-51 所示；选择第 25 ～ 50 帧中间任一帧，打开帧“属性”面板，在“缓动”项中设置为“100”。

创建传统补间一般会将“分离”的图形自动组合为对象。

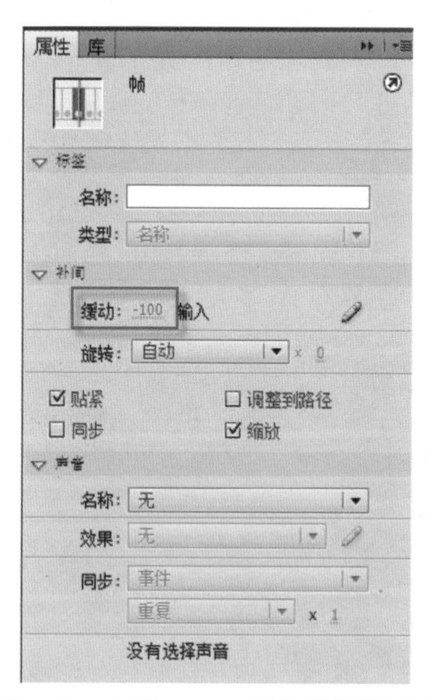

图 4-51　在第 1 ～ 25 帧之间设置缓动

使用缓动功能，可以加快或放慢动画的开头或结尾速度，以获得更加逼真或更加令人愉悦的效果。负值为加速，正值为减速。

（9）保存，测试影片。观察到小球落下时为加速运动，弹起时为减速运动。

探索 3：新补间动画的创建方法

（1）新建 Flash 文档，设置舞台大小为 550 像素 ×400 像素，背景色为黑色。

（2）选择图层 1，命名为“公路”，在第 1 帧，绘制公路，在第 40 帧，按 F5 键延续显示帧，如图 4-52 所示。

补间动画是从 Flash CS4 版本开始引入的一种新的补间动画方式。

图 4-52　绘制“公路”

补间动画是在关键帧中插入影片剪辑（不需要在时间轴的其他地方再插入关键帧），直接选择影片剪辑，右击，执行【创建补间动画】命令，则会发现那一层变成蓝色，之后，在时间轴上选择需要加关键帧的地方，拖动舞台上的影片剪辑，更改属性，自动形成一个补间动画。

（3）新建图层，命名为“汽车”，执行【文件】→【导入】→【导入到库】命令，选择“汽车 .gif”，单击“导入”。单击“库”面板，拖入汽车到场景，调整大小，按 F8 键，转化为元件，设置为影片剪辑元件，命名“汽车”，如图 4-53 所示。

图 4-53　插入“汽车”

新补间动画只有一个关键帧，且关键帧中必须是影片剪辑元件，通过改变影片剪辑实例属性，如 x、y 值，宽、高、透明度、大小、颜色等，形成补间效果，即从头到尾都是在编辑同一个元件。

（4）单击第 40 帧，选择“汽车”影片剪辑元件，右击，执行【创建补间动画】命令，如图 4-54 所示。

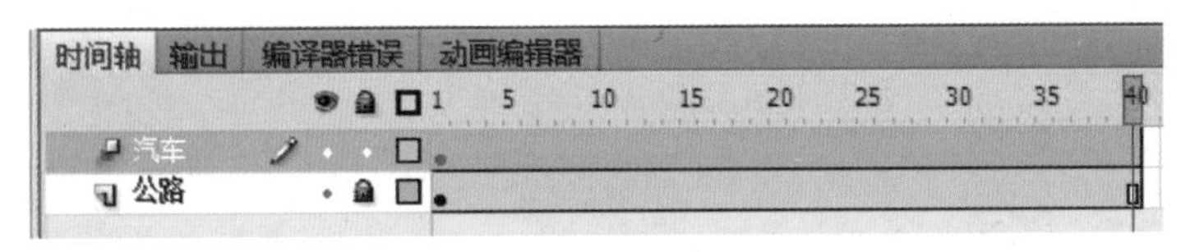

图 4-54　创建补间动画

（5）将“汽车”影片剪辑元件拖到如图 4-55 所示位置并使用“任意变形工具”将其放大。

图 4-55　调整汽车大小

（6）“汽车”图层结构如图 4-56 所示，保存“汽车 .fla”，测试影片。

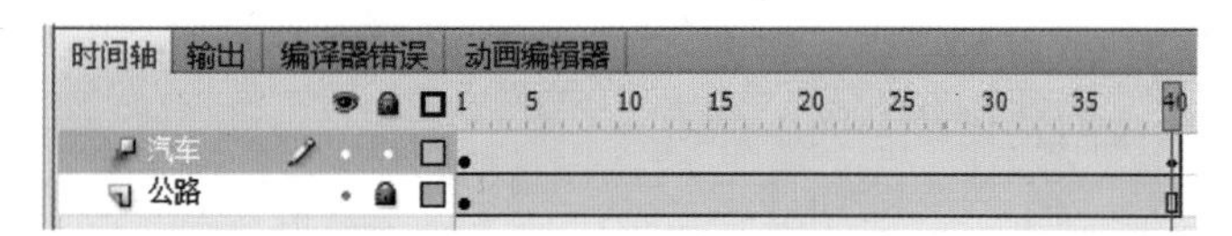

图 4-56 “汽车”图层结构

4.3.5 任务实施

（1）新建一个 Flash 文档，设置舞台大小为 550 像素 × 400 像素，背景色设置为黑色。

（2）执行【文件】→【导入】→【导入到库】命令，选择“1.jpg”、“2.jpg”、“3.jpg”、“4.jpg”、“背景 .jpg”，单击“导入”按钮。将图层 1 命名为“背景”，打开“库”面板，在第 1 帧插入“背景 .jpg”，选择图片，通过“属性”面板调整大小为 550 像素 ×400 像素，运用“对齐”面板使其相对于舞台居中，如图 4-57 所示。在第 300 帧，按 F5 键延续显示帧。

调整宽度和高度时可以在“属性”面板中单击将纵横比锁定解除，再输入数值。

图 4-57 插入背景图片

（3）新建图层 2，命名“图 1”，在第 1 帧从库中插入“1.jpg”，右击，执行“转化为元件”命令，转化为图形元件，命名为“图 1”。通过“属性”面板调整大小为 400 像素 ×300 像素，移动到背景图片右上角处，如图 4-58 所示。

将位图转化为元件才可以在属性中调整透明度、颜色等。

图 4-58 插入“图 1”

（4）在第 20 帧插入关键帧，选择第 20 帧的图 1，移动到舞台中间；选择第 1 帧，右击，选择【创建传统补间】命令；在第 30 帧插入关键帧；在第 50 帧，插入关键帧，选择第 50 帧的图 1，调整大小，移动到背景左下角处，如图 4-59、图 4-60 所示。选择第 30 帧，右击，创建传统补间动画。在第 300 帧，按 F5 键延续显示帧。

图 4-59　第 20、30 帧“图 1”位置

图 4-60　第 50 帧“图 1”位置

（5）新建图层3，命名为“图 2”，在第 51 帧插入关键帧，在第 51 帧从库中插入“2.jpg”，转化为图形元件，命名为“图 2”。调整大小为 400 像素 ×300 像素，移动到背景图片中间。在第 70、80、100 帧插入关键帧，选择第 51 帧的图 2，使用任意变形工具将其缩小到很小；选择第 100 帧的图 2，调整大小，移动到背景右下角处，如图 4-61、图 4-62、图 4-63 所示；选择第 51、80 帧，右击，创建传统补间动画；在第 300 帧，按 F5 延续显示帧。

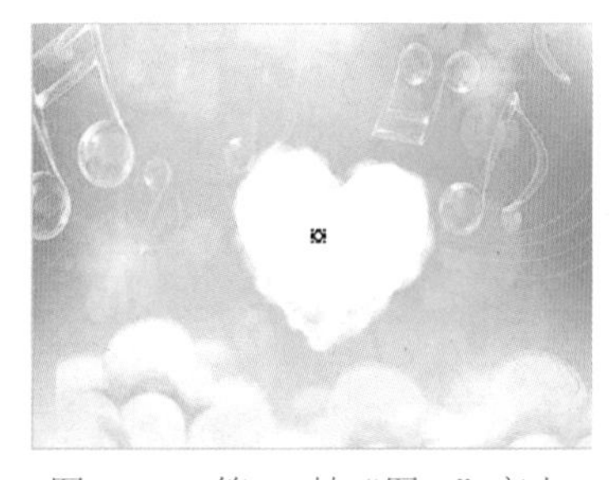
图 4-61　第 51 帧“图 2”变小

图 4-62　第 70、80 帧“图 2”

图 4-63　第 100 帧“图 2”位置

小提示

（1）传统补间动画实现位置的变化。此处为从场景外入场动画效果。

（2）第 20 ～ 30 帧之间图 1 没有任何变化，起到持续显示的效果。

（3）如果前一帧为空白关键帧，那么在它后面无论选择“插入关键帧”命令，还是“插入空白关键帧”命令，插入的都是空白关键帧。

（4）传统补间动画实现大小的变化。此处为从小变大的动画效果。

（6）新建图层 4，命名为“图 3”，在第 101 帧插入关键帧，在第 101 帧从库中插入“3.jpg”，转化为图形元件，命名为“图 3”。调整大小为 400 像素 ×300 像素，移动到背景图片中间。在第 120、130、150 帧插入关键帧，选择 101 帧的图 2，打开“属性”面板，在“样式”中设置元件的 Alpha 值为 0；选择 150 帧的图 3，调整大小，移动到背景左上角处，如图 4-64、4-65、4-66 所示；选择第 101、130 帧，右击，创建传统补间动画；在第 300 帧，按 F5 键延续显示帧。

传统补间动画可以实现淡入、淡出效果。

位图不可以设置 Alpha 的值，需转化为元件。

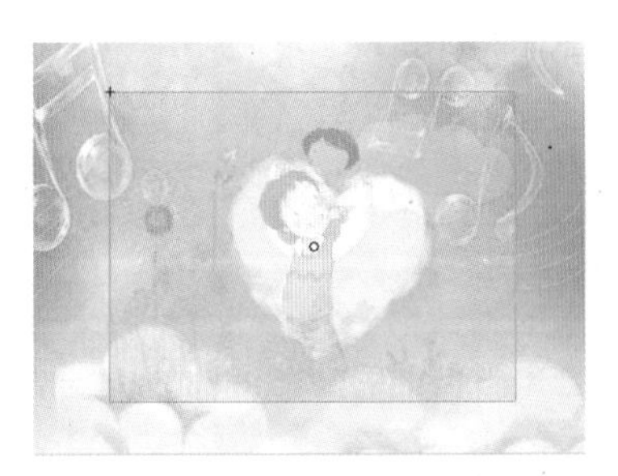

图 4-64　第 101 帧“图 3”变透明

图 4-65　第 120、130 帧“图 3”

图 4-66　第 150 帧“图 3”位置

（7）新建图层 5，命名为“图 4”，在第 151 帧插入关键帧，在第 151 帧从库中插入“4.jpg”，转化为图形元件“图 4”。通过“属性”面板调整大小为 400 像素 ×260 像素，移动到背景图片中间。在第 170、180、200 帧插入关键帧，选择 151 帧的图 4，调整到很小；选择第 151 帧，右击，创建传统补间动画，打开“属性”面板，设置“旋转”为“顺时针”；选择 200 帧的图 4，调整大小，移动到背景右上角处，如图 4-67、图 4-68、图 4-69 所示。选择第 151、180 帧，右击，创建传统补间动画。在第 300 帧，按 F5 键延续显示帧。

传统补间动画可以实现旋转效果。

图 4-67　设置旋转后中间帧

图 4-68　第 200 帧“图 4”位置

传统补间动画还可以通过元件属性中颜色改变产生变色效果。

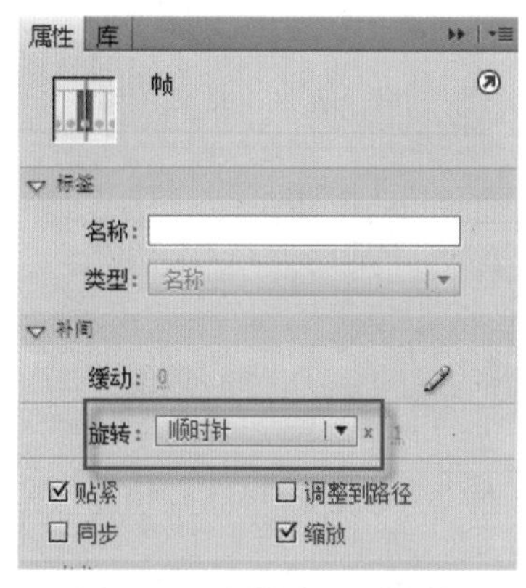

图 4-69　属性中设置旋转

（8）新建图层 5，命名为“心”，在第 201 帧插入关键帧，绘制出一心形图形，如图 4-70 所示。在第 220 帧插入关键帧，将第 201 帧的“心”调整到非常小。选择第 201 帧，右击，创建补间形状动画。

形状补间实现的缩放效果。

图 4-70　绘制“心”

（9）在第 250 帧插入关键帧，使用文本工具，输入“父爱如”。选中文字，按组合键“Ctrl+B”，填充线性渐变。使用绘图工具，绘制出“山”形，如图 4-71 所示。选择第 220 帧，右击，创建补间形状动画。在第 300 帧，按 F5 键延续显示帧。

如果“心”的缩放效果使用传统补间动画，后面做形状补间动画时要多加一个关键帧，将“心”形分离，再设置形状补间。

图 4-71 绘制“父爱如山”

（10）新建图层“音乐”，执行【文件】→【导入】→【导入到库】命令，导入“父亲 .mp3”，在第 1 帧，从库中插入声音。在第 300 帧按 F5 键延续显示帧。

（11）保存为“父爱如山 .fla”，测试影片。

4.3.6 任务小结

传统补间动画是 Flash 中非常重要的表现手段之一，与形状补间动画不同的是，传统补间动画的对象必须是“元件”或“群组对象”。运用传统补间动画，可以设置元件的大小、位置、颜色、透明度、旋转等种种属性，充分利用传统补间动画这些特性，可以制作出令人赏心悦目的动画效果。

4.3.7 任务拓展

1. 任务描述

制作用球杆击打白球，使红色球入网袋的动画效果，如图 4-72 所示。

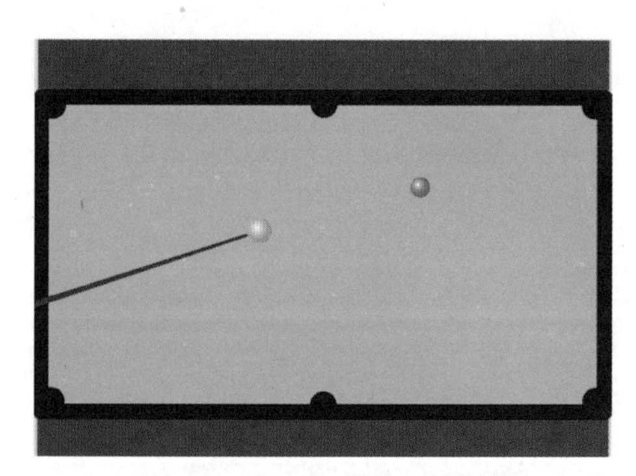

图 4-72 “击打台球”效果图

传统补间基于帧，意思是两个关键帧是两个元件实例，它们之间相互独立，更改其中某个关键帧不会对其他关键帧造成改变。这是传统补间的优势，灵活且易于理解。缺点是不利于创建曲线动画，需要使用引导线。

2．任务分析

绘制出球台、球杆、红色、白色球各一只，“击打台球”图层结构如图 4-73 所示。

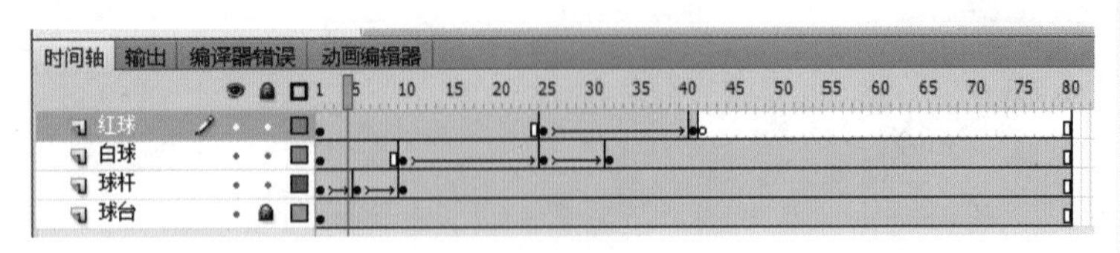

图 4-73 “击打台球”图层结构

3．操作提示

（1）新建一个 Flash 文档，设置舞台大小为 550 像素 × 400 像素，背景色设置为 #00CC00。

小提示

球杆的动作要与球密切配合，击打时要加速。

（2）将图层 1 命名为“球台”，使用绘图工具绘制出球台。

（3）按组合键“Ctrl+F8”，新建图形元件，命名“红球”，绘制出红色球。

（4）新建图形元件，命名“白球”，绘制出白色球。

（5）新建图形元件，命名“球杆”，绘制出球杆。

小提示

红球落袋后看不见，要插入空白关键帧。

（6）切换到场景，新建图层，命名为“球杆”，在第 1 帧插入球杆，新建图层，命名为“白球”，在第 1 帧从库中插入白球。新建图层，命名为“红球”，在第 1 帧从库中插入红球。

（7）在图层“球杆”第 5 帧插入关键帧，球杆顶部移开白球，在第 10 帧插入关键帧，将球杆移动到白球上，选中第 1 ～ 10 帧设置传统补间动画。

小提示

可以增加图层插入多个红球，但静止的红球要与运动的红球分别放在不同的图层。

（8）在图层“白球”第 10、25 帧插入关键帧，将第 25 帧的白球移动到红球上，第 32 帧插入关键帧，移动白球到相反方向，选中第 10 ～ 32 帧设置传统补间动画。

（9）在图层“红球”第 25、40 帧插入关键帧，将第 40 帧的红球移动到袋口，第 41 帧插入空白关键帧。

（10）选中所有图层的第 80 帧按 F5 键。

（11）保存为“台球 .fla”，测试影片。

4.3.8 自主创作

1．任务描述

某品牌服饰年终促销，需设计一个广告进行发布，如

图 4-74 所示。

图 4-74　服饰广告

2. 任务要求

（1）品牌 Logo 以滚动入场。

（2）将该品牌的服饰一件件以各种出场效果展示出来。

（3）出现“潮流装扮、网络特卖”的文字动态效果。

随着上网人数的剧增，越来越多的商业客户开始重视网络这个宣传、展示的平台，网络广告近些年也呈快速发展之势。在网络广告的发展历程中，Flash 广告不仅体积小、效果好，而且视觉冲击力也比其他网络广告形式要强。

下载的图片可以用 Photoshop 处理成透明背景，保存为 Gif 格式再导入到 Flash 中。

项目 5

特效动画制作

Flash 作品中的许多炫目效果，是运用 Flash 的特效动画完成的。这些特效动画使 Flash 动画作品更生动、更酷、更具有个性。

学习目标

（1）了解引导路径动画的制作原理，熟练掌握引导路径动画的制作方法。

（2）了解遮罩动画的制作原理，熟练掌握遮罩动画的制作方法。

（3）应用各种特效动画进行动画制作，掌握各种动画的制作技巧。

任务 5.1　引导路径动画——山西欢迎您

5.1.1　任务描述

为某山西旅游网站制作一个欢迎片头，如图 5-1 所示。

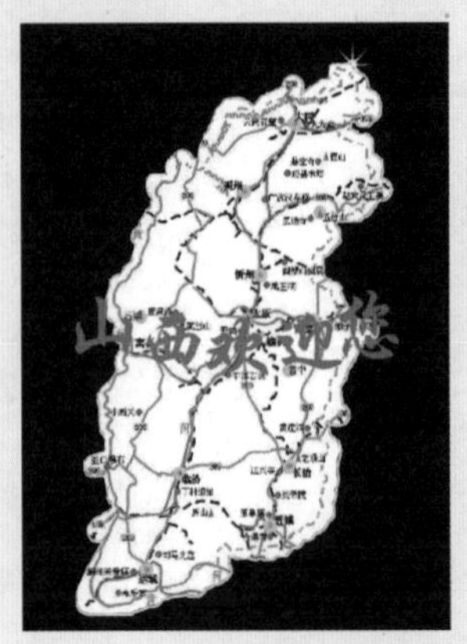

图 5-1　“山西欢迎您”效果图

山西旅游资源丰富，几乎各市、县都有特色旅游景点分布。山西自然风光秀丽迷人，著名的有太行山、恒山、五台山、北武当山、壶口瀑布等；人文古迹众多，著名的有晋祠、平遥古城、云冈石窟、侯马晋国遗址等。山西的文物资源也非常丰富，拥有古代建筑 18 118 座，现存彩塑 12 712 尊，壁画 23 000 幅，均居全国首位。山西仅国家级和省级文物旅游景点就有 70 多处。

5.1.2 任务目标

（1）理解引导层的概念，了解引导动画的制作原理。

（2）掌握引导层的设置方法，结合传统补间动画，制作引导路径动画。

（3）初步运用引导动画的制作方法进行创作。

5.1.3 任务分析

（1）导入“山西地图 .jpg”。

（2）制作闪光星星。

（3）将地图边界制作为引导线。

（4）引导星星沿引导线运动。

（5）制作“山西欢迎您”文字环绕效果。

小辞典

（1）引导层动画是通过创建运动引导层，使传统补间动画的对象沿着绘制的路径运动。

（2）引导层是 Flash 引导层动画中绘制路径的图层。

5.1.4 任务准备

在生活中，有很多运动是弧线或不规则的，如雪花落下、鱼儿游动等。Flash 在制作动画时，是运用引导层动画使对象沿我们指定的路径来运动。

探索 1：什么是引导路径

（1）新建 Flash 文档，将图层 1 命名为“小球”。在第 1 帧中，使用椭圆工具，填充色设置为径向渐变，蓝色到黑色过渡，绘制蓝色小球。选择小球，右击，执行【转化为元件】命令，选择“图形”元件，命名为“小球”，将小球移至场景左侧，如图 5-2 所示。

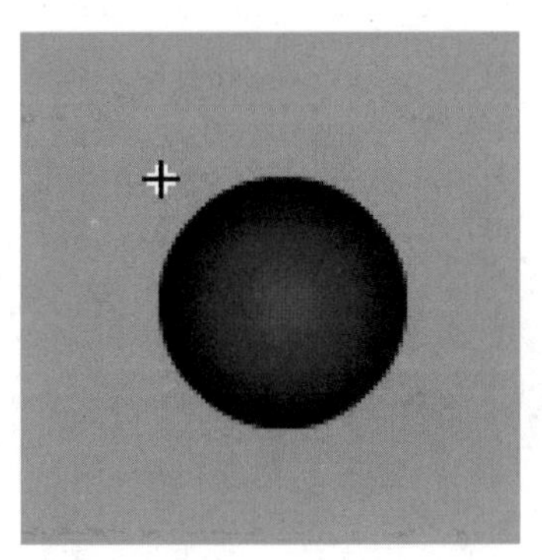
图 5-2 绘制小球并转化为元件

小提示

被引导层中最常用的动画形式是传统补间动画，当播放动画时，一个或数个元件将沿着运动路径移动。

（2）在“小球”图层，在第 50 帧插入关键帧，拖动小球到右侧，单击中间任一帧，右击，选择【创建传统补间】命令，如图 5-3 所示。

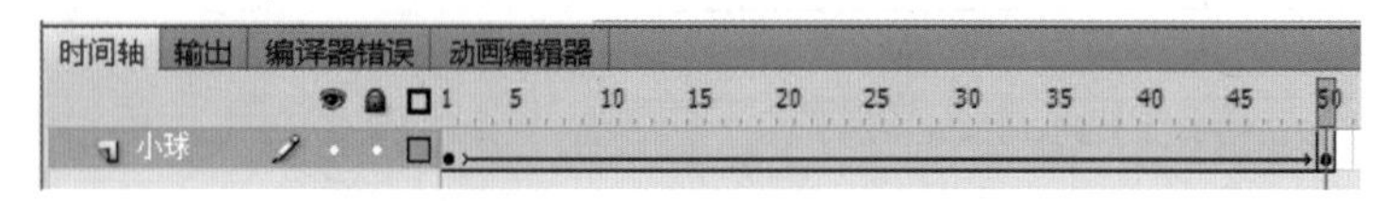

图 5-3　创建小球动画

（3）新建图层，选择图层 2，命名为“路径”，绘制一条直线，使用选择工具，将直线转化为弧线，如图 5-4 所示。

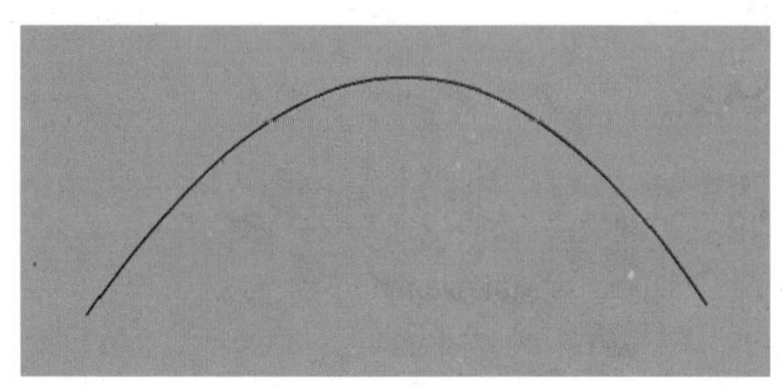

图 5-4　绘制引导线

（4）选择“路径”图层，右击，选择【引导层】命令，拖曳“小球”图层靠近“路径”图层，使“小球”图层变为“被引导层”，如图 5-5 所示。

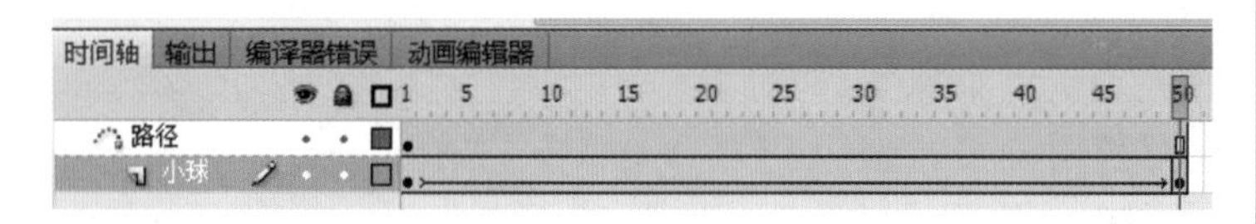

图 5-5　创建引导层

（5）回到图层“小球”上，在第一个关键帧上移动小球位置到运动的起点，中心点会自动吸附到路径上。在第 50 帧动画结束位置，拖动小球到运动的终点，中心点同样也会吸附在路径上，如图 5-6 所示。

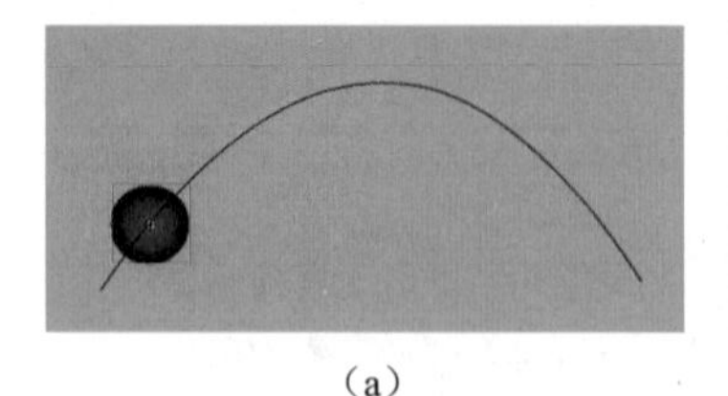

（a）

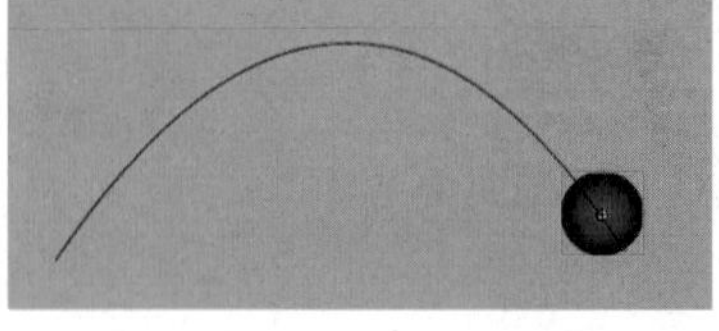

（b）

图 5-6　移动对象到引导线起点和终点

小提示

（1）引导层中的内容可以是用钢笔、铅笔、线条、椭圆工具、矩形工具或画笔工具等绘制出的线段，用来指示元件运行路径的。

（2）在绘制运动引导层的路径时，不宜过于复杂，有时过于复杂的引导曲线会造成动画失败。引导线也不能相交或断开。

小技巧

（1）被引导层中的对象是跟着引导线走的，可以使用影片剪辑、图形元件、按钮、文字等，但不能应用形状。

（2）在做引导路径动画时，按下工具箱中的【贴紧至对象】按钮 ，可以使“对象附着于引导线”的操作更容易成功，拖动对象时，对象的中心会自动吸附到路径端点上。

（6）保存为“小球运动 .fla”，测试影片。

探索 2：如何引导闭合路径

（1）新建 Flash 文档，设置舞台大小为 550 像素 ×200 像素，背景色为黑色。

（2）将图层 1 命名为“太阳”，在第 1 帧，使用椭圆工具，设置径向渐变填充，颜色为红色到黄色过渡，绘制太阳，如图 5-7 所示。

被引导层中的对象在被引导运动时，还可进行更细致的设置，如运动方向，在“属性”面板上，选中“路径调整”复选框，对象的基线就会调整到运动路径。

（3）选择【文件】→【导入】→【导入到库】命令，导入“地球 .tif”，执行【插入】→【新建元件】命令，命名为“地球”，选取类型为“图形”。从库中将地球图片拖到场景，调整大小，如图 5-8 所示。

图 5-7　绘制“太阳”

图 5-8　建立“地球”元件

创建引导层的方法有两种，一是直接选择一个图层，执行“添加传统运动引导层”命令；一是先执行“引导层”命令，使其自身变成引导层，再将其他图层拖曳到引导层中，使其归属于引导层。

（4）新建图层 2，命名为“地球”，选择第 1 帧，从库中将元件“地球”拖入场景，选择第 100 帧插入关键帧，选择中间任一帧，右击，选择【创建传统补间】命令，如图 5-9 所示。

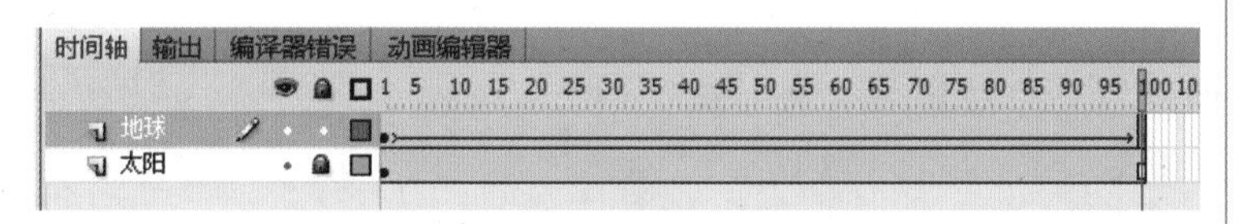

图 5-9　创建地球补间动画

（5）选择“地球”图层，右击，选择“添加传统运动引导层”命令，命名为“轨迹”，使用椭圆工具，绘制无填充的椭圆，使用任意变形工具，调整方向，使用橡皮擦工具将椭圆擦出一个小缺口，如图 5-10 所示。

如果想让对象作闭合曲线运动，可以将“引导层”中闭合线条用橡皮擦工具擦去一小段，使曲线上出现两个端点，再把对象的起始、终点分别对准端点即可。

图 5-10　绘制地球运动轨迹

（6）选择“地球”图层，将第 1 帧的地球和第 100 帧的地球使用选择工具，调整位置，使其中心点在轨迹上缺口的两端，如图 5-11 所示。

（a）

（b）

图 5-11　移动地球到起点和终点

如果想解除引导，可以在图层区的引导层上右击，在弹出的菜单中选择【属性】命令，在对话框中选择“一般”，则恢复成正常图层类型。

（7）保存为“地球公转 .fla”，测试影片。

5.1.5　任务实施

（1）新建一个 Flash 文档，设置舞台大小为 400 像素 × 550 像素。将图层 1 命名为“地图”，背景色为黑色。

（2）选择【文件】→【导入】→【导入到库】命令，导入“山西地图 .tif”。选择【插入】→【新建元件】命令，命名为“地图”，选取类型为“图形”。从库中将地图图片拖到场景，用任意变形工具将图片调整大小和位置，如图 5-12 所示。

地图可用 Photoshop 进行适当处理。

（3）按组合键“Ctrl+B”将地图分离为形状，使用套索工具选中绿色背景部分，按 Delete 键删除，如图 5-13 所示。

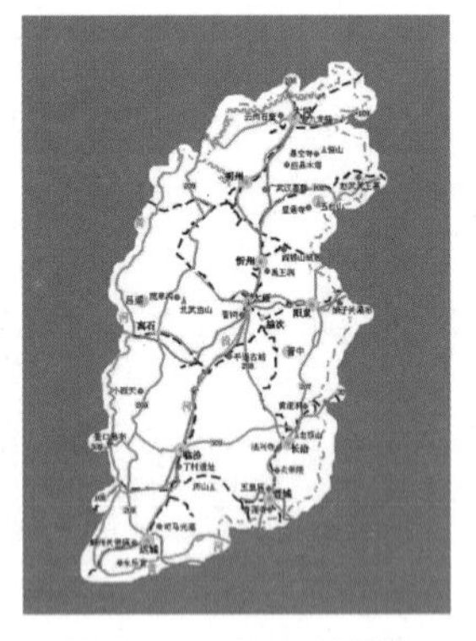
图 5-12　插入地图

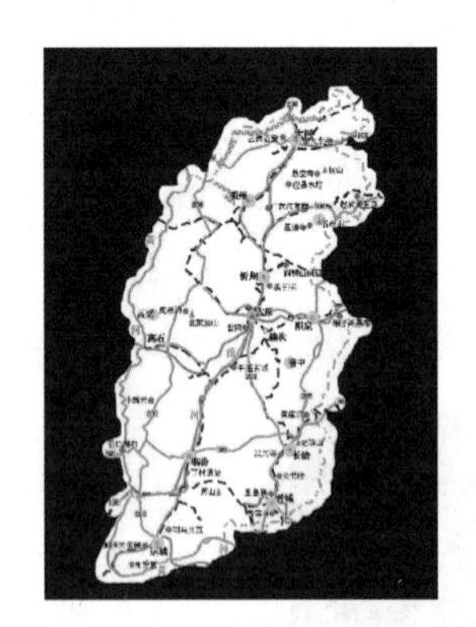
图 5-13　“地图”元件

（4）创建“星星”元件

选择【插入】→【新建元件】命令，新建一个图形元件，

名称为“星星”，画一个圆形构成星星的主体，另用三条直线构成星星四射的光芒，如图 5-14 所示。

（5）选择【插入】→【新建元件】命令，新建图形元件，命名为“线条”，插入地图元件到场景，按组合键“Ctrl+B”分离为形状，将前景色设置为黄色，使用墨水瓶工具单击，添加边线，单击线条，设置笔触高度为 3，删除内部填充，如图 5-15 所示。

小提示

星星的光芒可以先用矩形工具绘制，将矩形上下底边调整成弧度后，再调整四个顶点的位置成梭形，填充为线性填充，中间不透明，两边透明度为 25%。

图 5-14　绘制星星

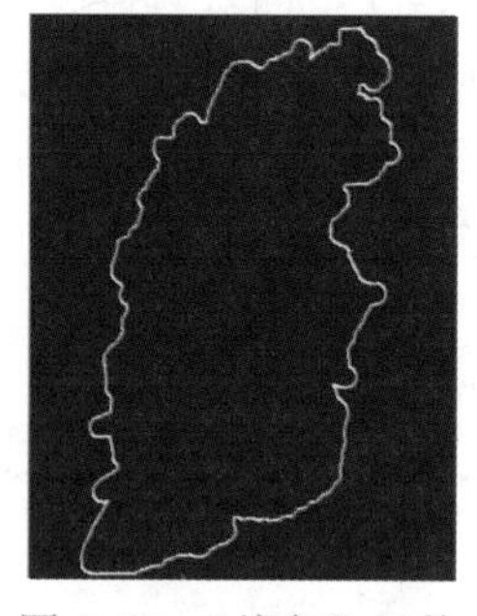

图 5-15　“线条”元件

（6）切换到场景，将图层命名为“线路”，插入线条元件，按组合键“Ctrl+B”分离为形状，在第 2 帧插入关键帧，使用橡皮工具，自顶部删除一点，继续在后面每一帧插入关键帧，使用橡皮工具，接着再删除一点，如此操作直到线条全部删除为止。选中所有帧，右击，选择【翻转帧】命令，如图 5-16 所示。

小提示

星星的运动是逆时针方向，则线路删除时沿顺时针方向。

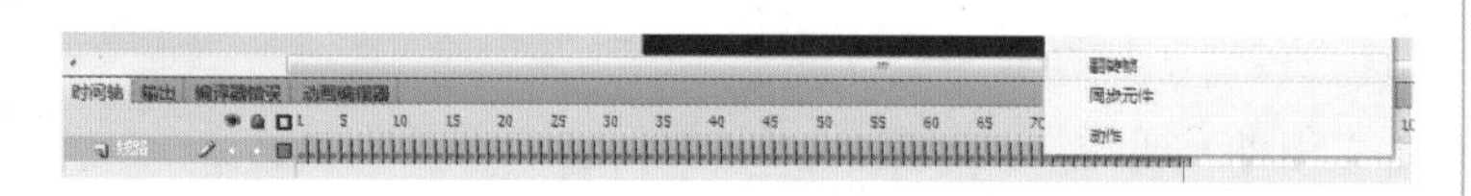

图 5-16　“线条”元件

（7）新建图层 2，命名为“星星”，选择第 1 帧，从库中将元件“星星”拖入场景。

（8）新建图层 3，命名为“引导线”，插入元件“线条”，调整位置，按“Ctrl+B”分离为形状，用橡皮工具在顶部擦出缺口。

（9）选择图层“星星”的第 1 帧，将星星的起点移动到引导线的端点，在第 84 帧插入关键帧，星星移动到引导线上另一端点位置，选择第 1 帧，按鼠标右键，创建传统补间动画，如图 5-17 所示。

小提示

“线路”要分别放在两个图层，一层用于显示线路，另一层用于引导星星运动，两个线条必须完全重合。

图 5-17 “星星”引导动画

引导层中的内容是不显示的，一般也可以用于放不需要显示出来的提示信息。

（10）新建图层，命名“地图”，在第 85 帧插入关键帧，从库中插入地图元件，在第 120 帧插入关键帧。选择第 85 帧的地图，打开“属性”面板，设置样式 Alpha 值为 0，右击，执行【创建传统补间】命令，如图 5-18 所示。

图 5-18　地图属性设置

（11）新建图层 5，选择文字工具，设置为红色，字体为华文行楷，字体大小为 70 点，输入“山西欢迎您”。按组合键“Ctrl+B”，选中所有字，右击，执行【分散到图层】命令，将“山西欢迎您”各层的第一帧选中移到第 121 帧，如图 5-19 所示。

制作 Flash 动画的时候，将在一个图层绘制的几个对象或几个元件分别做成不同的补间动画时，可以全部选择后执行【分散到图层】命令，就可以把同一图层元件同时放置到不同图层中，再进行动画制作。

时间轴 输出 编译器错误 动画编辑器

1 5 10

您
迎
欢
西
山

图 5-19 “山西欢迎您”分散到图层

（12）选择图层 5，命名为“环线”，使用椭圆工具绘制

椭圆线条，使用橡皮擦工具在左边擦除一个缺口，如图 5-20 所示。选择此图层，设置为“引导层”。

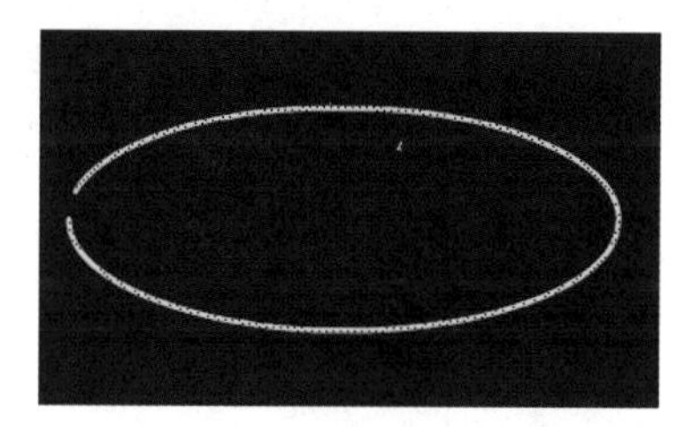

图 5-20　绘制椭圆引导线

小辞典

多层引导：一个引导层可以关联多个被引导层，只要把这些层拖到引导层下面，运动对象的起点和终点设置在引导线上即可。

（13）将图层“山”至图层“您”都拖向图层“环线”，分别设置为图层“环线”的被引导层。将每个字的第 121 帧移动到环线的端点，在第 150 帧插入关键帧，移动到路线上相应的位置，选择第 121 帧，右击，创建传统补间动画，如图 5-21、图 5-22 所示。

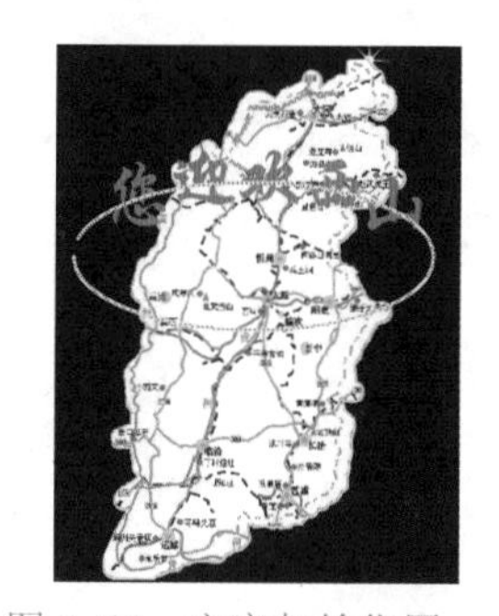

图 5-21　文字起始位置

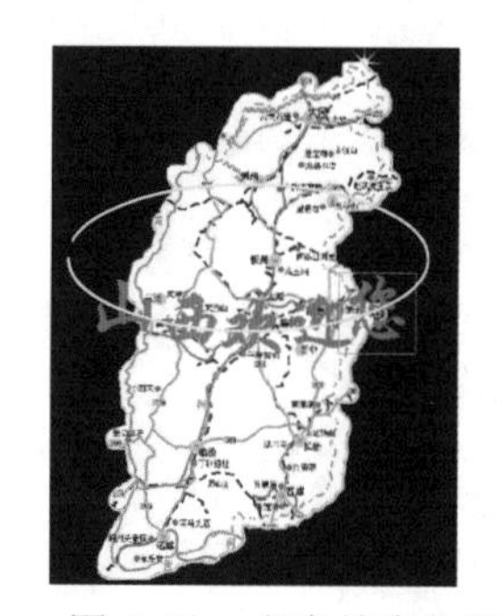

图 5-22　文字结束位置

（14）新建图层，命名为“半幅地图”，在第 121 帧插入关键帧，从库中插入地图，按组合键“Ctrl+B”分离，使用套索工具选择下半部分，按 Delete 键删除，如图 5-23 所示。

小技巧

半幅地图为遮挡住文字，使其有环绕效果。

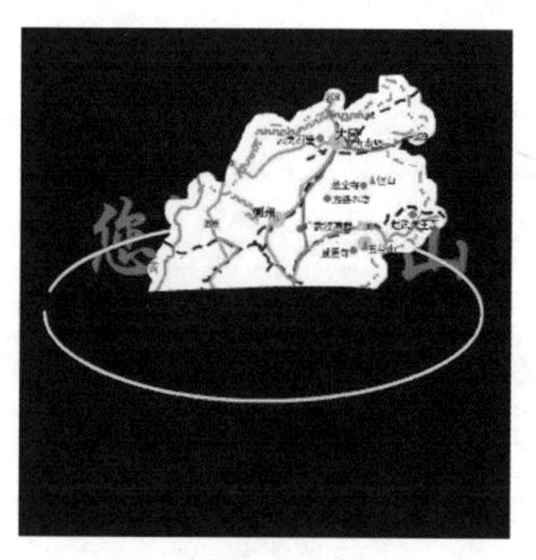

图 5-23　半幅地图

（15）选择所有图层第 180 帧，按 F5 键插入帧。

（16）保存为“山西旅游 .fla”，测试影片。

5.1.6　任务小结

通过此任务我们知道了将一个或多个层链接到一个运动引导层，使一个或多个对象沿同一条路径运动的动画形式称为“引导路径动画”。这种动画可以使一个或多个元件完成曲线或不规则运动。

5.1.7　任务拓展

1．任务描述

花园中蜜蜂飞舞，蒲公英飘向空中，如图 5-24 所示。

图 5-24　“勤劳的蜜蜂”效果图

2．任务分析

美丽的花园中有两处运用引导路径动画，即“蜜蜂飞舞”和“蒲公英飘向空中”。“蒲公英飘向空中”是在影片剪辑元件中制作的引导动画，再放到场景上，形成多个动态效果，图层结构如图 5-25 所示。

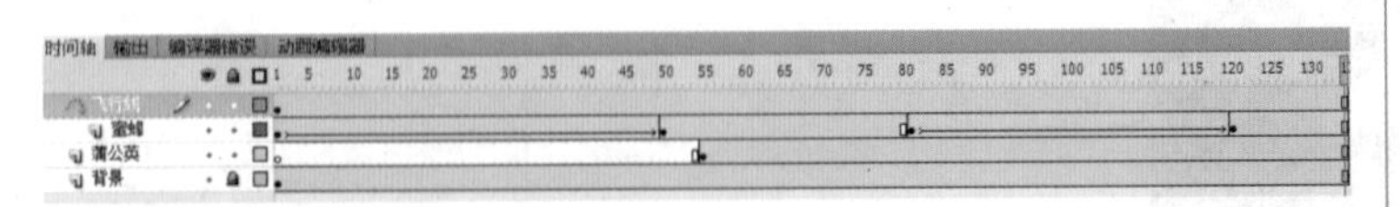

图 5-25　“勤劳的蜜蜂”图层结构

Flash 动画中漂亮的角色和背景大多是用鼠绘的方法绘制的。使用鼠标来绘制图形时，基本会从对象的边线入手，先找出图形结构中的折点；再用直线工具连接各个点，形成图形的外部轮廓；使用选择工具选择各个折点，通过拖曳鼠标，将直线变为曲线；再进行细部调整；最后填充颜色。绘制时要注意分图层，便于修改。背景绘制要根据透视原理进行绘制。

3．操作提示

（1）选择【文件】→【新建】命令，新建一个影片文档，设置舞台尺寸为550像素×400像素，背景色为黑色。

背景图层较多，注意图层的顺序和各图层中内容的位置。云、山、树、花不止一个，尽量使用元件。

（2）创建“背景”元件。选择【插入】→【新建元件】命令，名称为“背景”，分别在不同的图层绘制天空、云朵、草地、山、树和花。

（3）创建“小蜜蜂”元件。选择【插入】→【新建元件】命令，新建一个图形元件，名称为“小蜜蜂”，在图层1中画小蜜蜂的身体，在图层2的第1帧和第3帧分别画出小蜜蜂翅膀开合时不同的形状，如图5-26所示。

蒲公英的飞舞速度不能过快，飞向空中时渐渐消失。

（4）创建“蒲公英”元件

选择【插入】→【新建元件】命令，新建一个图形元件，名称为“蒲公英”，绘制一小朵蒲公英，如图5-27所示。

图5-26 创建“小蜜蜂”元件

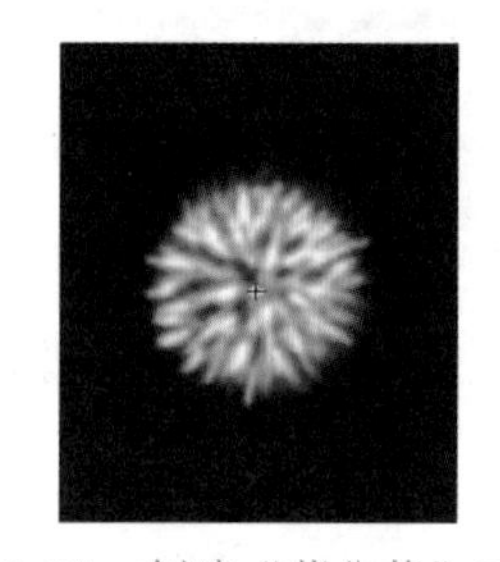
图5-27 创建“蒲公英”元件

（5）创建“飞舞的蒲公英”元件。选择【插入】→【新建元件】命令，新建一个影片剪辑，名称为“飞舞的蒲公英”。从库中将名为“蒲公英”的元件拖到第1帧中，在第120帧添加关键帧，再回到第1帧建立传统补间动画。新建引导层，绘制一条曲线，将第1帧和第120帧中的蒲公英位置移动到曲线端点，并缩小120帧元件，设置透明度为0。

通过变形使蒲公英大小和飞舞的方向、距离发生不同的变化。

（6）切换到主场景中，图层命名为“背景”层，从库中插入“背景”元件，将背景图层的帧延伸到第135帧。

（7）新建图层，命名为“蒲公英”。在第55帧插入关键帧，将库中的元件“飞舞的蒲公英”插入场景，复制多个，并进行适当的变形。

（8）新建图层，并命名为“采蜜”。把库里名为“小蜜蜂”的元件拖到场景，在第50、80、120帧插入关键帧，在帧间创建传统补间动画。新建引导层，命名为“飞行线”，绘制蜜蜂飞舞的曲线，将蜜蜂各关键帧位置调整到曲线上，并调整好关键帧中蜜蜂的大小、方向。

（9）保存，测试影片。

蜜蜂飞过来时要有由远及近的感觉，飞走时要渐渐消失在远方。在一个引导图层中可以绘制多条线，这样就可以实现往返的路线不同。

5.1.8 自主创作

1. 任务描述

秋天到了，窗外金色的树林里片片落叶飞舞，蝴蝶也不时飞来飞去，伴着轻柔的音乐，窗纱随风飘动，如图 5-28 所示。

图 5-28 “窗外秋色”效果图

2. 任务要求

在本例中要求在两处使用引导路径动画。

（1）导入秋天的图片。

（2）绘制窗户，绘制窗帘。

（3）绘制红色树叶，使用引导路径动画制作树叶飘落的效果。

（4）绘制蝴蝶，使用引导路径动画制作蝴蝶飞舞的效果。

窗帘飘动可以使用形状补间动画实现。

任务 5.2 遮罩动画——画卷展开

5.2.1 任务描述

《富春山居图》是元朝画家黄公望的作品，制作此画作

中一段的展开效果，如图 5-29 所示。

图 5-29 “画卷展开”效果图

《富春山居图》是元朝画家黄公望为无用师和尚所绘，以浙江富春江为背景，全图用墨淡雅，山和水的布置疏密得当，墨色浓淡干湿并用，极富于变化，是中国十大传世名画之一。明末传到收藏家吴洪裕手中，临死前将此画焚烧殉葬，其侄子从火中抢救出，但已被烧成一大一小两段。前段称《剩山图》，现藏浙江省博物馆；后段较长称《无用师卷》，现藏台北故宫博物院。2011 年 6 月 1 日在台北故宫博物院合展《剩山图》与《无用师卷》。

5.2.2 任务目标

（1）理解遮罩的概念，了解遮罩动画的制作原理。

（2）掌握遮罩层的设置方法，结合补间动画，制作遮罩动画。

（3）初步运用遮罩动画的制作方法进行创作。

5.2.3 任务分析

（1）制作画布与画。

（2）制作画轴。

（3）运用遮罩，实现画卷展开。

（4）画轴随画展开一起运动。

5.2.4 任务准备

遮罩动画是 Flash 中的一个很重要的动画类型，很多效果丰富的动画都是通过遮罩动画来完成的。

探索 1：什么是遮罩

（1）新建 Flash 文档，将图层 1 命名为“图”。在第 1 帧中，选择【文件】→【导入】→【导入到舞台】命令，导入“果篮 .jpg”文件。使用任意变形工具调整图片的大小和位置，如图 5-30 所示。

图 5-30　导入图片

（2）单击图层中“新建图层”按钮，新建图层 2，命名为“圆”，使用椭圆工具绘制一圆，如图 5-31 所示。

图 5-31　绘制椭圆

（3）选择图层 2，右击，选择【遮罩层】命令，如图 5-32 所示。

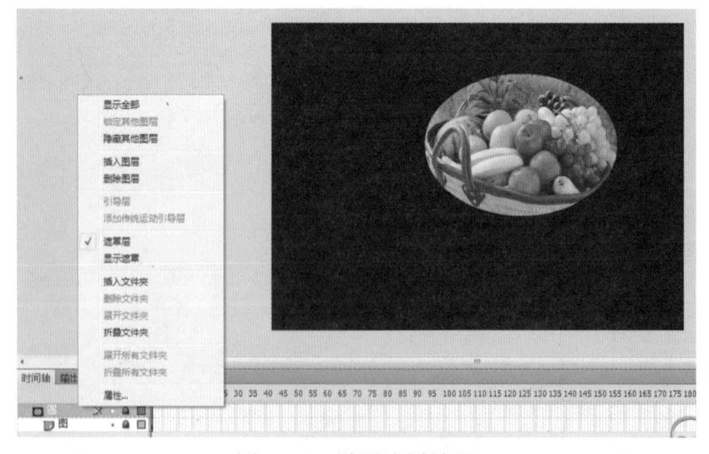

图 5-32　设置遮罩效果

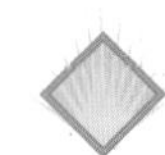

小辞典

遮罩的概念：当图层被设置为遮罩层后，在遮罩层上创建的形状，这时成为一个“窗口”，遮罩层下方被遮罩层的对象可以通过该“窗口”显示出来，而“窗口”之外的对象将不会显示。

小提示

遮罩层中图形对象的填充色，对结果无影响，且遮罩层中的对象渐变色、透明度、颜色和线条样式等属性是被忽略的。所以不能通过遮罩层的渐变色来实现被遮罩层的渐变色变化。

小提示

设置为遮罩层后，“层图标”就会从普通层图标变为遮罩层图标，系统会自动把遮罩层下面的一层关联为“被遮罩层”，在缩进的同时图标变为被遮罩层图标。

小技巧

设置为遮罩层后，图层自动锁定，编辑层中对象要先解锁，编辑后，锁定查看效果。

探索 2：遮罩与被遮罩的关系

（1）新建 Flash 文档，设置舞台大小为 550 像素 ×200 像素，背景色为黑色。

（2）在图层 1 中使用文本工具，设置文本颜色为红色，输入“学做闪客”，如图 5-33 所示。

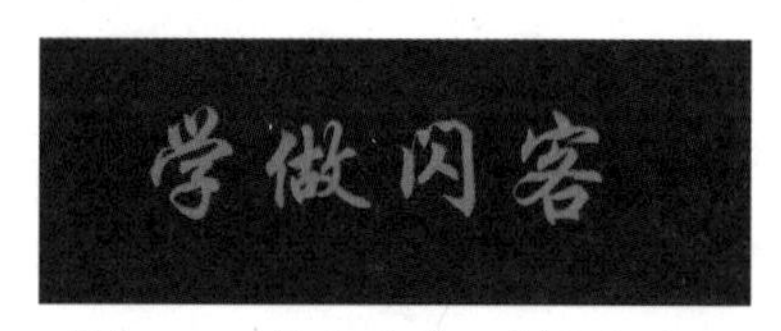

图 5-33 输入文本“学做闪客”

（3）新建图层 2，使用椭圆工具，设置填充色为绿色，绘制椭圆，如图 5-34 所示。

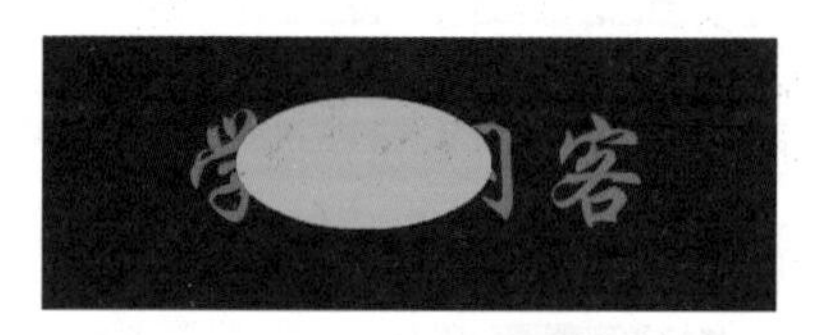

图 5-34 绘制椭圆

（4）选择图层 2，右击，选择【遮罩层】命令，如图 5-35 所示。

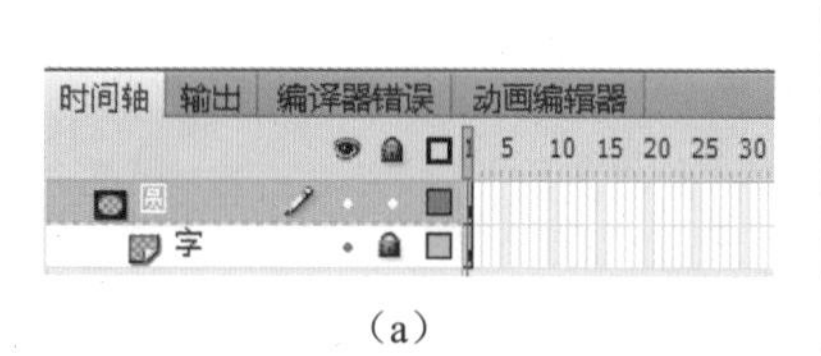

（a）

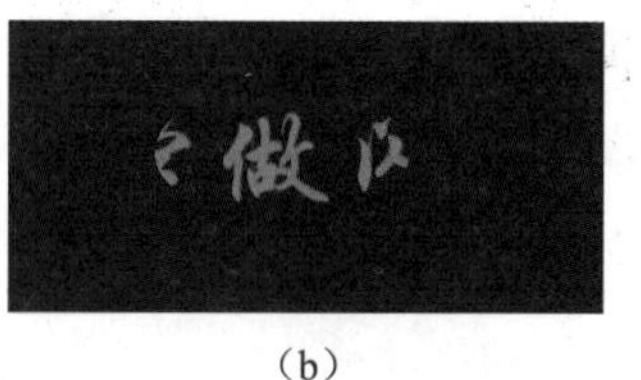

（b）

图 5-35 图形为文字的遮罩层

（5）交换两个图层顺序，将图层 1 拖到图层 2 上方再将图层 1 设置为遮罩层，如图 5-36 所示。

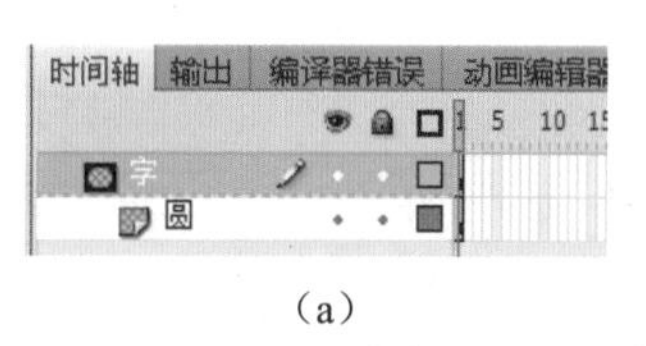

（a）

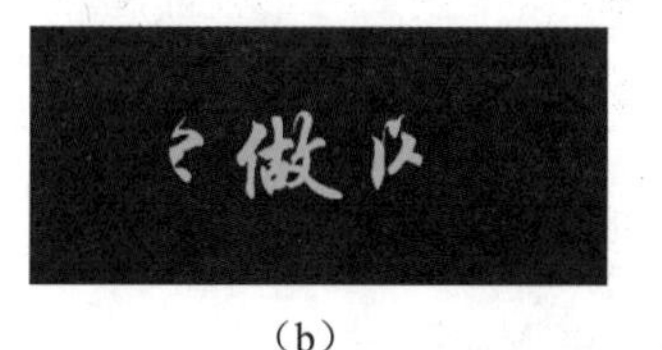

（b）

图 5-36 文字为图形的遮罩

探索 3：在遮罩层和被遮罩层中运用补间动画

（1）在探索 1 的实例中选择图层“圆”，单击第 50 帧插入关键帧，将第 1 帧的圆用任意变形工具缩小，第 50 帧的

小提示

遮罩层中的内容可以是按钮、影片剪辑、图形、位图、文字等，但不能使用线条。

被遮罩层中可以使用按钮、影片剪辑、图形、位图，文字、线条等。

小技巧

遮罩层如果一定要用线条，可以将线条转化为“填充”。

小辞典

遮罩层的基本原理：遮罩层是 Flash 的一个图层类型，能够透过遮罩层中的对象看到其下方被遮罩层中的对象。

圆放大，选择中间任一帧，右击，选择【创建补间形状】命令，保存测试。此时的动态遮罩是一种常用的图片显示方式。

（2）同样可以在“探索 2”的实例中选择图层“圆”，将第 1 帧的圆形移至文字左边，选择第 50、100 帧插入关键帧，将第 50 帧的圆形移到文字右边，选择中间任一帧，右击，选择【创建补间形状】命令，保存测试，此时为探照灯效果，如图 5-37 所示。

图 5-37 “探照灯”效果

某一对象的位置移动可以使用形状补间动画，也可以使用传统补间动画，但要先将动画对象转化为元件。

小提示

文字可以用两层，下层用较暗的颜色，上层用较亮的颜色，两层文字要完全重合。

5.2.5 任务实施

（1）新建一个 Flash 文档，设置为 800 像素 ×400 像素，背景色为 #006666；将图层 1 命名为“画布”，用矩形工具画一个矩形，轮廓颜色 #CCBF7B，宽度为 2，填充色为 #CCCC99，如图 5-38 所示。

图 5-38 绘制画布

小提示

图形中填充位图可以添加花纹。

（2）新建图层“画”，选择【文件】→【导入】→【导入到舞台】命令，导入“富春山居图 .jpg”。用任意变形工具调整图片的大小和位置，如图 5-39 所示。

图 5-39 插入“富春山居图”

小提示

图片的边框可以通过墨水瓶工具添加，位图添加边框需要先用组合键“Ctrl+B”分离后才能使用墨水瓶工具。

（3）在图层“画”下新建图层，命名为“画框”。用矩形工具画一个黑色的矩形放在图画后面，用任意变形工具将黑色的矩形调整到合适的大小，形成图画的黑边框，如图 5-40 所示。

图 5-40　绘制矩形边框

可以在编辑多个帧模式下，选中多个对象，使用“对齐”面板中的相对于舞台水平对齐和垂直对齐。

（4）选择【插入】→【新建元件】命令，建立图形元件“画轴”，用矩形工具画一个细长的矩形，在“颜色”面板中将填充设为如图 5-41 所示线性渐变，两端色块为 #A15410，中间为白色。

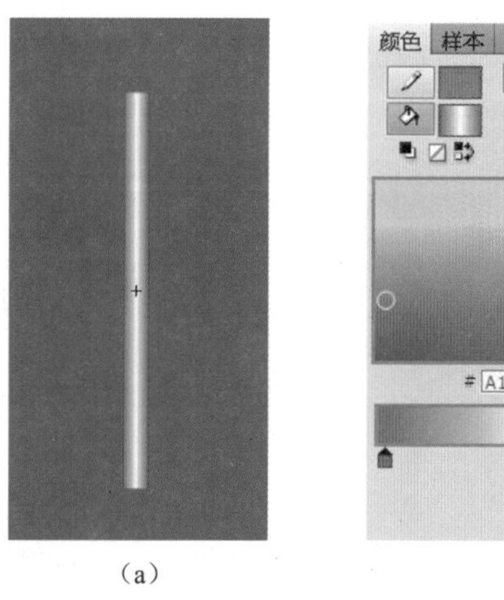

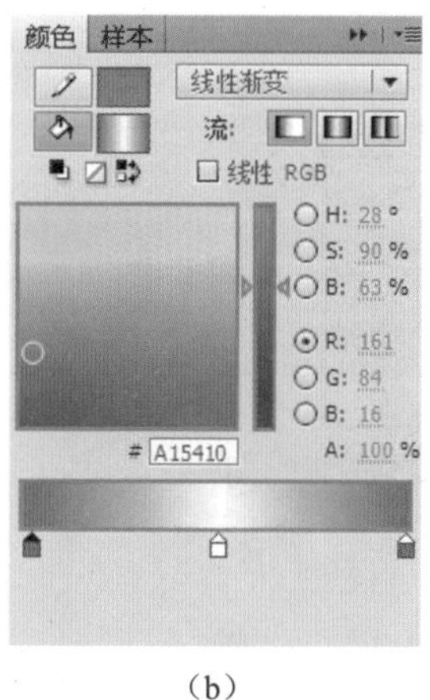

（a）　　　　（b）

图 5-41　绘制画轴

绘制图形时为便于后续一些操作，只设置填充色，线条颜色设置为“无”。

（5）再用矩形工具画一个黑色略细的矩形，用椭圆工具画一个椭圆，按组合键“Ctrl+G”组合在一起，如图 5-42 所示。

图 5-42　绘制画轴一端轴柄

（6）将组合图形放在画轴顶端。复制一个。选择【修改】→【变形】→【垂直翻转】命令，翻转后放在画轴底端，如图 5-43 所示。

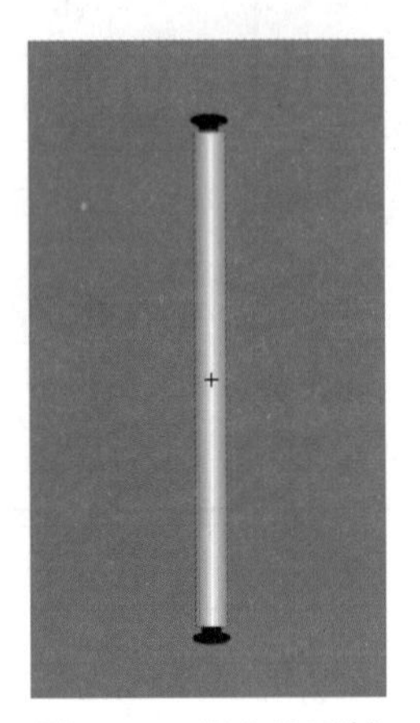

图 5-43　组合为画轴

小技巧

按 Alt 键拖动对象时将对象复制。

小技巧

按键盘上的→←↑↓键可以对对象的位置进行微调。

（7）切换到“场景”，插入图层 2，命名“左画轴”；打开“库”面板，将库中的元件“画轴”拖入图层 2，调整大小、位置到画左边，如图 5-44 所示。

图 5-44　插入左画轴

（8）插入图层 3，命名“右画轴”，选择左画轴，复制一个，将复制的画轴拖入图层“右画轴”，调整位置，如图 5-45 所示。

小技巧

若要复制粘贴对象不改变其位置，选择对象，按组合键“Ctrl+C”复制，在目标处右击，执行【粘贴到当前位置】命令。

图 5-45　插入右画轴

（9）右画轴移动动画：在图层“右画轴”的第 100 帧插入关键帧，移动画轴到画的右边，选择中间任一帧，右击，执行【创建传统补间】命令，如图 5-46 所示。

图 5-46　制作右画轴移动动画

（10）隐藏图层“左画轴”。在“画”图层上新建图层，命名为“遮罩”。用矩形工具画一个大矩形，矩形不超过右画轴，如图 5-47 所示。

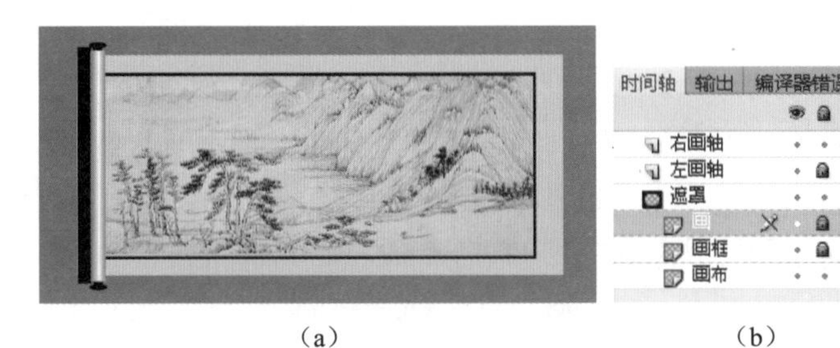

（a）　　　　（b）

图 5-47　绘制遮罩矩形起始帧

（11）在图层“遮罩”第 100 帧插入关键帧，将矩形用任意变形工具调整宽度，遮盖整个画，在中间任选一帧，右击，执行【创建补间形状】命令，如图 5-48 所示。

图 5-48　绘制遮罩矩形结束帧

小技巧

动画的播放速度通过帧数进行调整。

小提示

在 Flash 动画中，“遮罩”主要有两种用途，一个作用是用在整个场景或一个特定区域，使场景外的对象或特定区域外的对象不可见，另一个作用是用来遮罩住某一元件的一部分，从而实现一些特殊的效果。

小提示

矩形的变化过程要与画轴的移动过程相配合。

小提示

遮罩效果在遮罩层编辑时是无法显示出来的，只有在动画播放（按组合键“Ctrl + Enter”）时才能显示出来。

（12）选择图层“遮罩”，右击，执行【遮罩层】命令，将图层“画框”和“画布”，拖向“遮罩”层，成为被遮罩层，如图 5-49 所示。

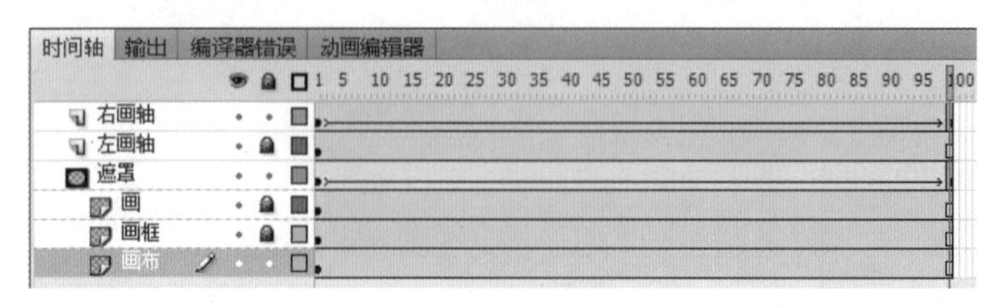

图 5-49 图层结构

（13）保存为“画卷展开 .fla”，测试影片。

遮罩在 Flash 里面的应用非常广，很多漂亮的动画都是用遮罩做出来的，比如“打光效果”、“水波效果”、“探照灯效果”等。

一个遮罩层可以关联多个被遮罩层，只要把这些层拖到遮罩层下面即可。

5.2.6 任务小结

通过此任务我们学习了创建遮罩的方法：在某个普通图层上右击，在弹出的快捷菜单中选择【遮罩层】命令，当命令被勾选后，该图层就会生成遮罩层；设置遮罩后显示的是被遮罩层中遮罩层与被遮罩层相交的部分；在遮罩层和被遮罩层都可以使用补间动画。

5.2.7 任务拓展

1. 任务描述

一行小字，当放大镜移过时，显示放大的效果，如图 5-50 所示。

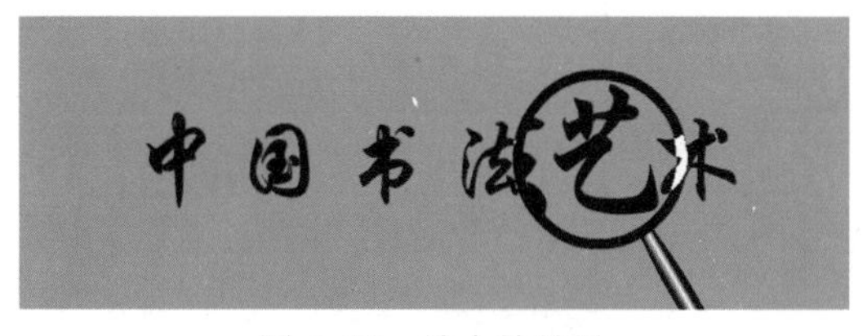

图 5-50 放大镜效果

2. 任务分析

放大镜是 Flash 遮罩的典型应用之一，此案例共有 5 个图层组成，如图 5-51 所示。

3. 操作提示

（1）建立 Flash 文档，设置舞台大小为 700 像素 ×240 像素，背景色为 #CC9900。

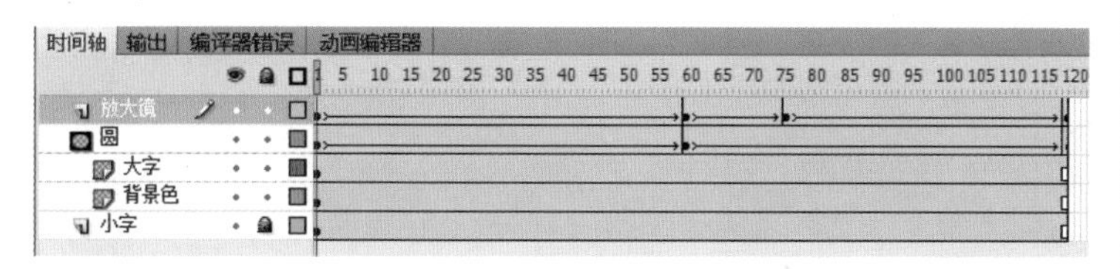

图 5-51　放大镜图层结构

（2）将图层 1 重命名为“小字”，用文本工具输入“中国书法艺术”。

（3）建立图层 2 命名为“大字”，将小字复制到该图层中，用任意变形工具将文字放大。

按组合键“Ctrl+B”把大字分离为单个文字，再将每个大字与小字中心对齐。

（4）在图层“小字”上方建立图层 3，命名为“背景色”，使用矩形工具绘制一填充色也为 #CC9900 的矩形，盖住小字。

（5）在图层“大字”上建立图层“圆”，用椭圆工具在文字左侧绘制一个蓝色的圆。选择圆，按组合键“Ctrl+G”组合，分别在第 60、120 插入关键帧，将 60 帧的圆移动到文字右边，中间创建传统补间动画。

（6）选择图层“圆”，右击，选择【遮罩层】命令。拖动图层“背景色”，链接到遮罩层“圆”，使其也成为“圆”的被遮罩层。

放大镜中间为空心圆，大小与遮罩层的圆相同。

（7）在图层“圆”上建立新图层，命名为“放大镜”，绘制放大镜。选用放大镜，按组合键“Ctrl+G”组合，分别在第 60、120 插入关键帧，将第 60 帧的放大镜移动到文字右边，中间创建传统补间动画。

（8）保存，测试影片。

5.2.8　自主创作

1．任务描述

迪斯尼动画有近百年的历史，是我们每个人童年的美好回忆。将素材“迪斯尼百年经典 .jpg”这个静态图片改为 Flash 影片。影片中滚动显示部分动画电影的海报，并以字幕的形式列出迪斯尼动画电影的制作历史，如图 5-52 所示。

Flash 企业宣传片是基于 Flash 技术的动画设计实现的。企业宣传片就像一张艺术化的企业名片，综合运用图像、声音、语言、文字等多种元素，全面地介绍企业。因此宣传片动态且更能激发情感，比平面媒体更加丰富和翔实。

2．任务要求

在本例中要求在三处使用遮罩。

（1）运用遮罩对背景进行处理。

图 5-52 “迪斯尼海报”效果图

（2）添加迪斯尼的 Logo，并使用遮罩制作光影效果。

（3）使用遮罩将迪斯尼动画电影的制作历史添加为字幕形式。

迪斯尼 1937 年起至今拍了一百多部动画片，分为以下几种类型：

（1）迪斯尼经典动画：白雪公主（1937），木偶奇遇记（1940），仙履奇缘（1950），睡美人（1959），小美人鱼（1989），美女与野兽（1991），花木兰（1998），泰山（1999）等。

（2）迪斯尼真人动画：南方之歌（1946），飞天万能床（1971），妙妙龙（1977），威探闯通关（1988）等。

（3）迪斯尼计算机动画：玩具总动员（1995），虫虫危机（1998），海底总动员（2003），超人特攻队（2004），美食总动员（2008）等。

（4）迪斯尼模型动画：圣诞夜惊魂（1993），飞天巨桃历险记（1996）。

（5）迪斯尼电影版动画：唐老鸭俱乐部之失落的神灯（1990），高飞狗（1995），跳跳虎历险记（2000），小猪大行动（2003），小熊维尼之长鼻怪大冒险（2005）等。

项目 6

认识元件与实例

元件和实例的应用，可以减小文档的文件大小，加快 SWF 文件的播放速度，使得 Flash 动画在网络上更易传播。

小辞典

元件是指创建一次即可多次重复使用的图形、按钮、影片剪辑等。

创建元件之后，可以在文档中的任何地方（包括在其他元件内）创建该元件的实例。当元件被修改时，Flash 会更新该元件的所有实例。

学习目标

（1）知道元件的类型，掌握各元件的创建方法。

（2）了解实例和元件的关系，学会使用库管理元件。

（3）掌握外部素材——位图、声音、视频的处理步骤。

任务 6.1　元件与实例——童年

6.1.1　任务描述

童年是什么？童年是一只纸风车，转出年少时的欢乐；童年是飘动的气球，带走年少时的烦恼；童年是蓝天上的纸飞机，载着年少的我们自由飞翔。让我们来绘制这一段段美好的回忆吧，效果如图 6-1 所示。

图 6-1 “童年——纸风车”效果图

“童年”一词出自鲍照（南朝宋）的《过铜山掘黄精诗》，“宝饵缓童年，命药驻衰历。”在《宋史·世家传三·吴越钱氏》中也有“俶子惟演、惟济，皆童年，召见慰劳”的语句。

对于“童年”，并没有确切的定义，一般是指幼年和少年之间，或者是上小学的前两年和上小学的时间段。所以“童年”被人们认为是人生中最快乐的时期，无忧无虑，在文学作品中常有着快乐的寓意。

6.1.2　任务目标

（1）理解元件和实例的概念，了解二者的关系。

（2）初步学会应用元件和实例创建动画。

6.1.3 任务分析

（1）导入图片，制作背景。
（2）制作风车元件。
（3）运用传统动画，实现风车的旋转。
（4）添加风车杆和文字。

6.1.4 任务准备

探索：了解元件和实例的关系

（1）新建一个 Flash 文档，使用基本椭圆工具在舞台上绘制一个红色的圆。

（2）选中该圆，并选择【修改】→【转换为元件】命令。在弹出的“转换为元件”对话框中选择类型为“图形”后，单击【确定】按钮，如图 6-2 所示。打开“库”面板，可以看到“元件 1”已经存在，如图 6-3 所示。

图 6-2 “转换为元件”对话框

图 6-3 “库”面板

（3）将“元件 1”从库中向舞台上拖动多次，创建多个该元件的实例，并观察每个实例的属性，如图 6-4 所示。

（4）选取任意一个实例，选择【编辑】→【编辑元件】命令，并将圆的填充颜色修改为蓝色，如图 6-5 所示。单击工作窗口左上角的“场景 1”，退出元件编辑模式，观察每个实例所发生的变化。

（5）任意选取一个实例，通过“属性”面板随意调整其大小和色彩效果的相应参数，并观察每个实例所发生的变

小提示

（1）元件创建以后，就可以在舞台上或其他元件内部创建该元件的实例。在当前文档中，不管某个实例出现了多少次，在库中都只是作为一个元件存在。

（2）从库中拖动一个元件到舞台上，即可创建该元件的一个实例。实例可以与其父元件在颜色、大小等方面有所差别。

（3）重新编辑元件会更新它的所有实例。但对元件的一个实例应用效果，则只更新该实例，不会影响元件的属性。

（4）每个元件实例都各有独立于该元件的属性。可以更改实例的色调、透明度和亮度，也可以倾斜、旋转或缩放实例，这并不会影响元件。

化，如图 6-6 所示。

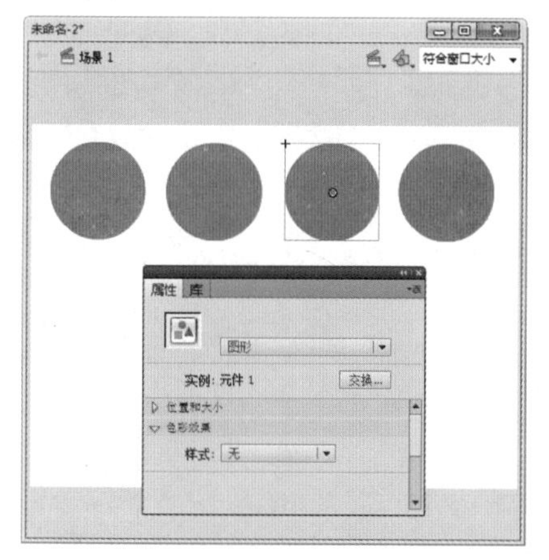

图 6-4　创建实例并观察实例属性

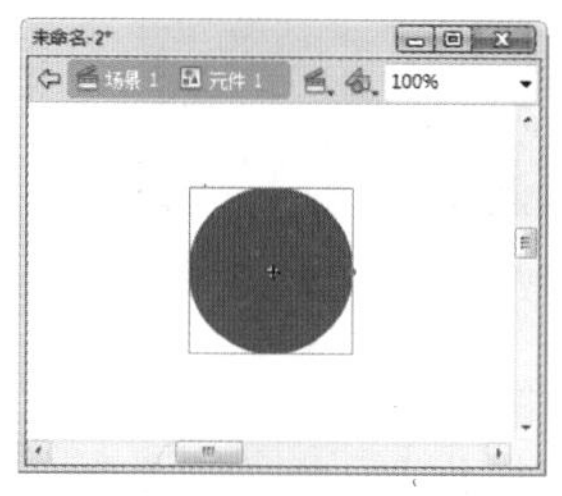

图 6-5　编辑元件

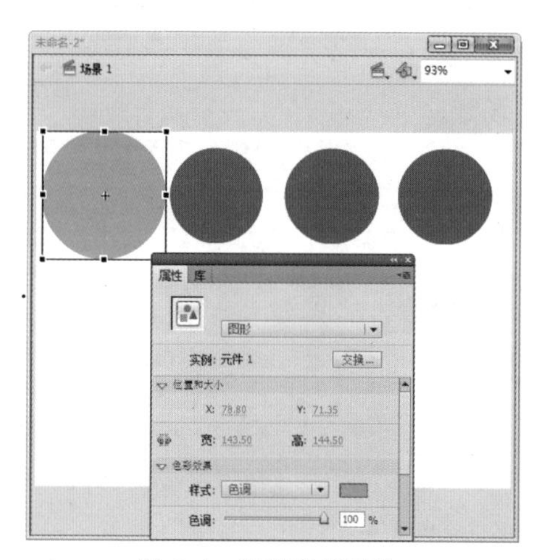

图 6-6　调整实例属性

6.1.5　任务实施

（1）新建一个 Flash 文档，设置舞台大小为 600 像素 × 350 像素，帧频为 24。

（2）将“图层 1”图层重命名为“背景”，选择【文件】→【导入】→【导入到舞台】命令，导入文件名为“城市 .jpg”的图片作为动画背景。

（3）使用“基本矩形工具”绘制一个圆角矩形。设置矩形边角半径为 30，填充颜色为白色且 Alpha 值设为 50%，无笔触颜色，如图 6-7 所示。

小技巧

如果导入的图片要作为动画背景，但又与舞台大小不一致。则可以在选中图片后，通过“属性”面板，按照舞台大小设置图片的宽和高，并将 x 和 y 值均设为 0 即可。

图 6-7　绘制圆角矩形

（4）选择【插入】→【新建元件】命令，在打开的“创建新元件”对话框中，将元件命名为“叶片”，并选取类型为“图形”后，单击“确定”按钮，进入元件编辑模式，如图 6-8 所示。

（5）在舞台上绘制蓝色叶片，如图 6-9 所示。绘制完成后，单击工作窗口左上角的“场景 1”，返回主场景。

图 6-8　“创建新元件”对话框

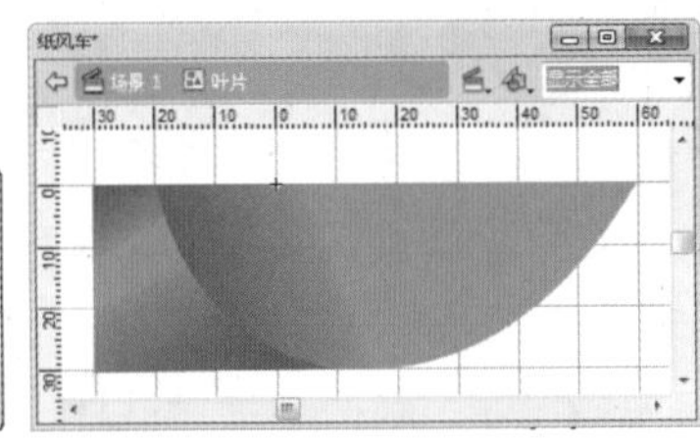

图 6-9　绘制风车叶片

（6）在“背景”图层之上新建一个图层，命名为“风车”。打开“库”面板，将元件“叶片”向舞台上拖动四次，创建四个实例。

（7）依次选取三个“叶片”实例，分别按图 6-10 所示参数对其属性进行修改。

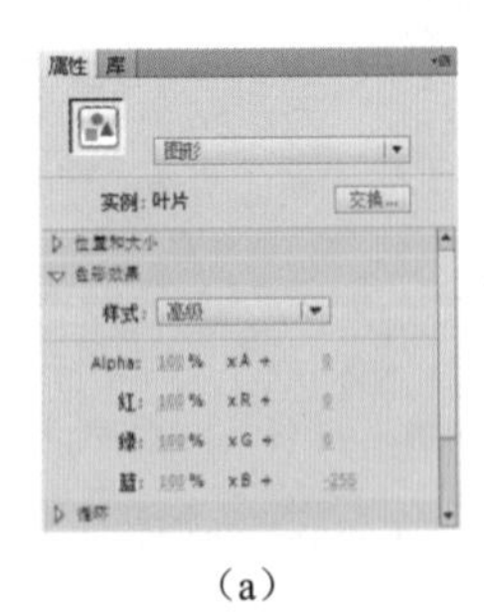

（a）

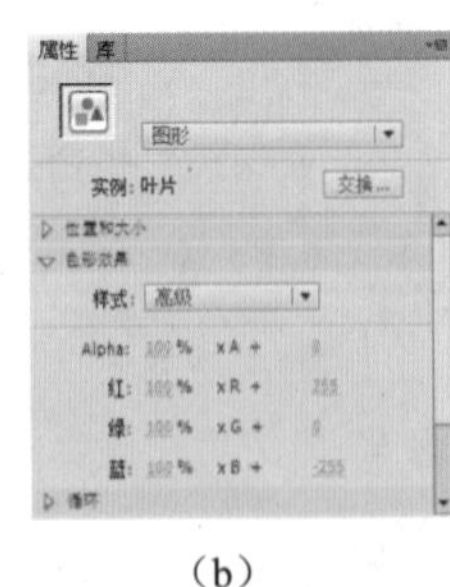

（b）

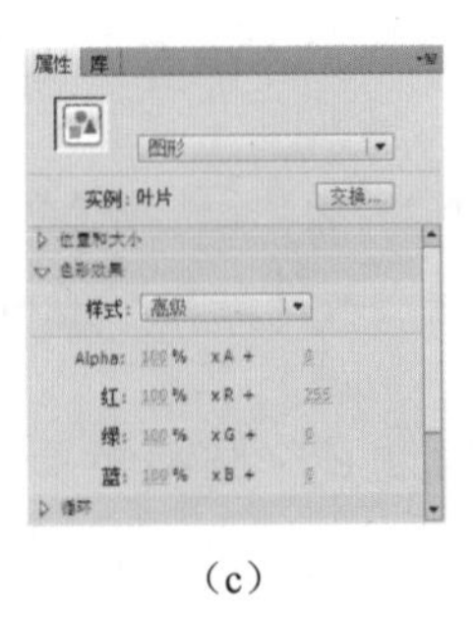

（c）

图 6-10　对实例的属性进行修改

小辞典

创建元件的方法一般有以下几种：

（1）在菜单中选择【插入】→【新建元件】命令。

（2）在“库”面板的选项菜单中选择【新建元件】命令。

（3）单击库面板底部的【新建元件】按钮。

（4）按下组合键“Ctrl+F8”。

（5）在舞台上绘制图形并选取该图形后，在菜单中选择【修改】→【转换为元件】命令。

（8）分别对四个“叶片”实例进行旋转和位置调整，并绘制一个黄色的小圆形作为风车转轴。最终绘制完成的风车如图 6-11 所示。

图 6-11 绘制完成的风车

（9）同时选取四个“叶片”实例和黄色的风车转轴，选择【修改】→【转化为元件】命令，将绘制完成的风车转换为图形元件，命名为“风车”。

（10）在“风车”图层的第 35 帧处插入关键帧，并通过“变形”面板将“风车”实例旋转“-10°”。然后在第 1 帧至第 35 帧之间创建传统补间动画，设置补间参数为顺时针旋转 0 次。

（11）在“背景”和“风车”图层之间新建一个图层，命名为“风车杆”。在该图层上绘制一个细长条状圆角矩形，填充恰当的颜色，并将矩形的一端放置在“风车”实例中心位置处。

（12）在“风车”图层之上新建一个图层，命名为“文字”。在该图层上输入文字“喧嚣的城市中，缓缓转动的纸风车，转出我们年少时的欢乐”，设置恰当的字体、大小、颜色，并使用“投影”滤镜添加阴影。

（13）分别在“背景”、“风车杆”和“文字”图层的第 35 帧处插入帧，将三个图层延长到第 35 帧，完成后的时间轴状态如图 6-12 所示。

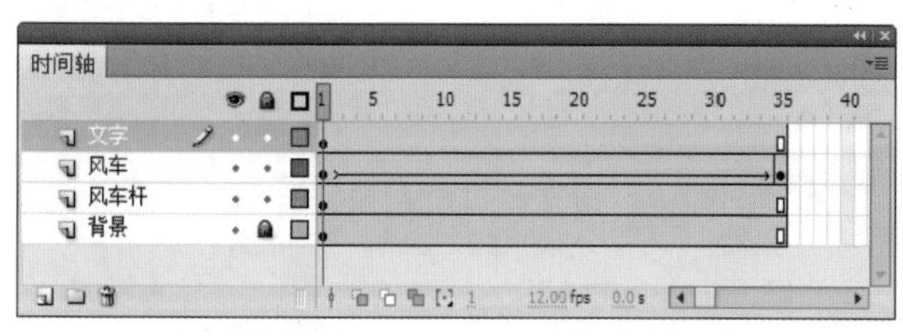

图 6-12 “童年——纸风车”动画时间轴状态

小辞典

在“属性”面板中，可以对实例的属性进行编辑，也可以对实例应用不同的效果。“属性”面板中色彩效果下的样式包括以下 5 个选项：

（1）无：不对实例使用任何颜色效果。

（2）亮度：调整实例的相对亮度。明亮值在 -100% 到 100% 之间。

（3）色调：增加某种色调。可以使用颜色拾取器，也可以直接输入红、绿、蓝颜色值，并且能设置色调的百分比。

（4）高级：调整实例的透明度和红、绿、蓝颜色的百分比，并可以设置相应颜色的偏移量。

（5）Alpha：设定实例的透明度。Alpha 值为 0% 则实例完全不可见，Alpha 值为 100% 则实例完全不透明。

小技巧

创建风车旋转动画效果时，如果只是在第 35 帧处插入关键帧而不调整实例，则第 1 帧与第 35 帧中的内容完全相同。在影片播放时，就会有动画停顿的现象发生。

风车旋转一周是 360°，用 35 帧完成顺时针动画效果，并将第 35 帧处的“风车”实例旋转“-10°”，则每一帧恰好旋转 10°，就实现了完美的旋转效果。

（14）本任务已经完成，保存文档，并测试影片，就可以看到在高楼大厦之上，一只纸风车缓缓转动的动画效果。

6.1.6　任务小结

元件是一种媒体资源，可以包含图像、动画和其他类型的内容。元件创建完成后，无需重新创建就可以在文档中重复使用。在 Flash 中可以创建“影片剪辑”、“按钮”和“图形”3 类元件。

而实例是指位于舞台上或嵌套在另一个元件内的元件副本。

Flash CS5 对元件提供了三种编辑方式：在元件编辑模式下编辑、在当前位置编辑、在新窗口中编辑。

（1）双击“库”面板中的元件图标，或者在舞台上右击某元件的一个实例，并从快捷菜单中选择“编辑”命令，都可以进入“元件编辑模式”，从而将窗口从舞台视图更改为只显示该元件的单独视图。

（2）在舞台上双击某元件的一个实例，即可在当前位置编辑该元件。舞台上的其他对象以灰显方式出现，从而将它们和正在编辑的元件区别开来。通过“在当前位置编辑”的方式能更好地保持实例与背景的对应关系。

（3）在舞台上右击某元件的一个实例，从快捷菜单中选择“在新窗口中编辑”命令，即可打开一个单独的窗口来编辑该元件。

6.1.7　任务拓展

1. 任务描述

空旷的广场上空，一只只气球随风飘动，带走我们曾经的烦恼，如图 6-13 所示。

图 6-13 “童年——气球”效果图

2. 任务分析

动画中的各个气球是相似的，只是颜色、大小略有不同，只要绘制一个气球元件，就可以多次使用。另外，气球在从右向左运动的过程中，会有微微飘动的感觉，所以需要使用影片剪辑元件绘制气球，并通过逐帧动画来实现飘动的效果。任务完成后的时间轴状态如图 6-14 所示。

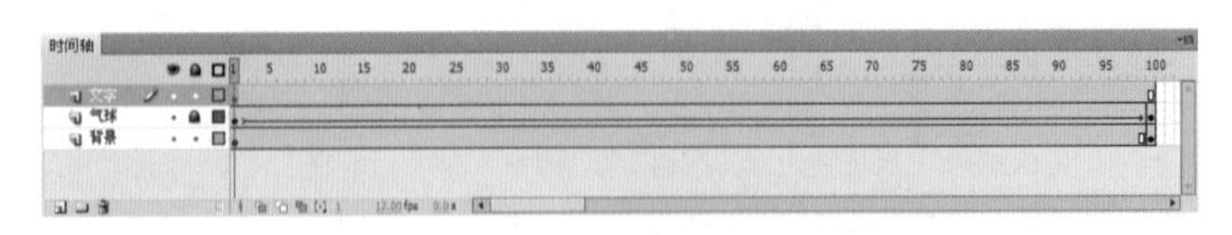

图 6-14 “童年——气球”动画时间轴状态

3. 操作提示

（1）新建一个 Flash 文档，设置舞台大小为 600 像素 × 350 像素，帧频为 12。

（2）导入图片，绘制圆角矩形，制作背景图层。

（3）新建影片剪辑元件，命名为“气球”。在其中绘制气球，并使用逐帧动画制作出气球飘动的效果，如图 6-15 所示。

（4）新建图形元件，命名为“一组气球”。在其中嵌入多个气球影片剪辑元件，实现一组气球出现的效果，如图 6-16 所示。

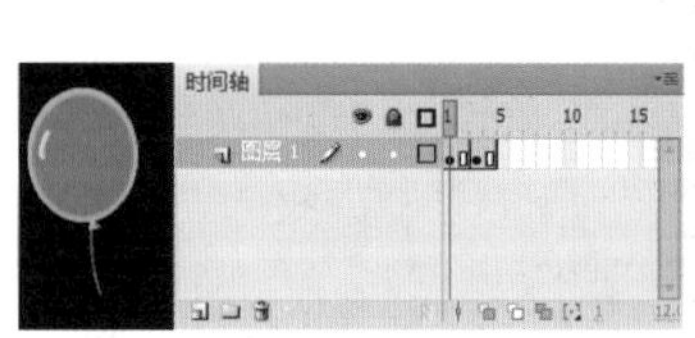

图 6-15　制作气球元件

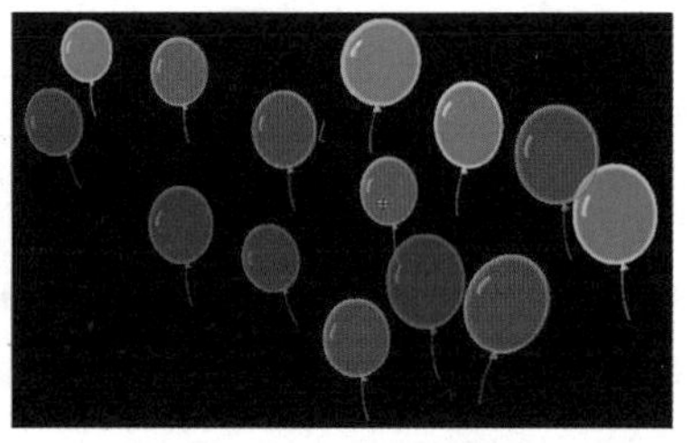

图 6-16　制作一组气球效果

（5）新建图层，将元件“一组气球”拖动到舞台上，创建从右到左运动的动画效果。

（6）新建图层，输入文字“空旷的广场上，慢慢飘动的气球，带走我们年少时的烦恼”，并设置恰当的字体、大小、颜色、滤镜等。

（7）保存文档，测试影片。

6.1.8　自主创作

1. 任务描述

青青的草地，湛蓝的天空，一只只纸飞机载着我们年少时的梦想飞翔，如图 6-17 所示。

图 6-17 “童年——纸飞机”效果图

小技巧

在影片创建的过程中，库中经常会保留下许多已经不在文档中使用的项目。用户可以查找未使用的库项目并将其删除。

方法一：根据“使用次数”列对库项目进行排序，“使用次数”为 0 的项目即为未使用的库项目。

方法二：从“库”面板的“面板”菜单中选择“选择未用项目”命令，即可选中所有未使用的库项目。

不过，不需要通过删除库中未用项目来缩小 Flash 影片的文件大小，这是因为库中的未用项目并不包含在生成的 SWF 文件中。

2．任务要求

（1）创建多个图形元件绘制不同的纸飞机。

（2）创建多个影片剪辑元件，在其内部使用引导路径制作纸飞机的飞翔效果。

（3）在不同图层的不同帧上放置不同的影片剪辑元件，并调整实例的位置、大小或色彩效果等属性，以达到纸飞机交替出现的效果。

任务 6.2　图形元件和影片剪辑元件——摩天轮

6.2.1　任务描述

一座摩天轮高高耸立，12 个旋转臂带着 12 个座舱（车厢），随着转轮缓缓转动，效果如图 6-18 所示。

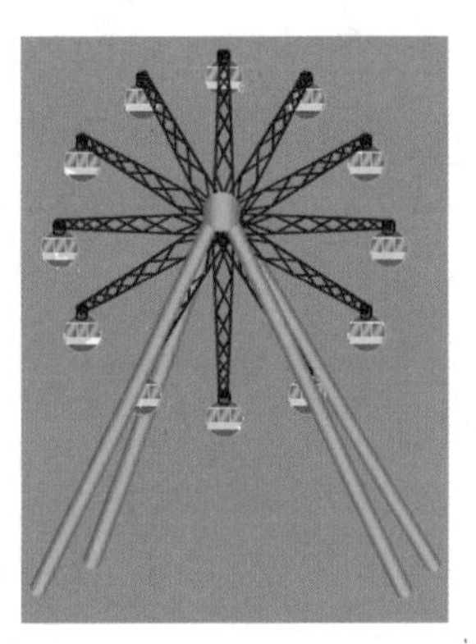

图 6-18　“摩天轮”效果图

6.2.2　任务目标

（1）掌握图形元件和影片剪辑元件的建立方法，理解二者的异同点。

（2）能灵活应用图形元件和影片剪辑元件创建动画。

6.2.3　任务分析

（1）创建图形元件，绘制一只摩天轮旋转臂，并应用

摩天轮是一种大型转轮状的机械建筑设施，上面挂在轮边缘的是供乘客搭乘的座舱（Gondola）。乘客坐着摩天轮慢慢地往上转，可以从高处俯瞰四周景色。最常见到摩天轮存在的场合是游乐园或主题公园，作为一种游乐场机动游戏，与云霄飞车、旋转木马合称是“乐园三宝”。但摩天轮也经常单独存在于其他的场合，通常被用来作为各种活动的观景台使用。

最早的摩天轮由美国人乔治•法利士（George Washington Ferris）在 1893 年为芝加哥的博览会设计，目的是与巴黎在 1889 年博览会建造的巴黎铁塔一较高下。第一个摩天轮重 2200 吨，可乘坐 2 160 人，高度相当于 26 层楼。正由于法利士的成就，日后人们皆以“法利士巨轮”（Ferris Wheel）来称呼这种设施，也就是我们所熟悉的摩天轮。

多个元件组装成摩天轮转盘。

（2）在主场景中实现摩天轮转盘的旋转效果。

（3）创建图形元件，绘制车厢。

（4）创建图形元件，使用“车厢”元件，运用传统动画，实现一只车厢的转动。

（5）通过 12 个“车厢转动”元件的应用，实现 12 个车厢跟随 12 个旋转臂转动的动画效果。

（6）绘制摩天轮前后支架，完成本任务。

6.2.4 任务准备

探索：图形元件和影片剪辑元件的区别

（1）新建一个 Flash 文档。

（2）创建一个图形元件，并在其内部制作一个圆形变矩形的 20 帧形状补间动画，如图 6-19 所示。

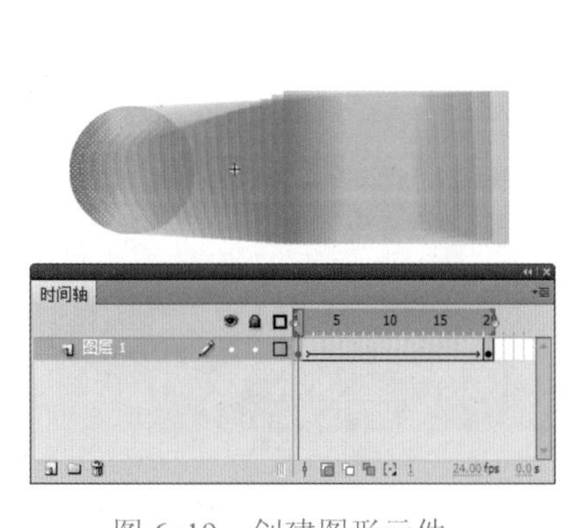

图 6-19 创建图形元件

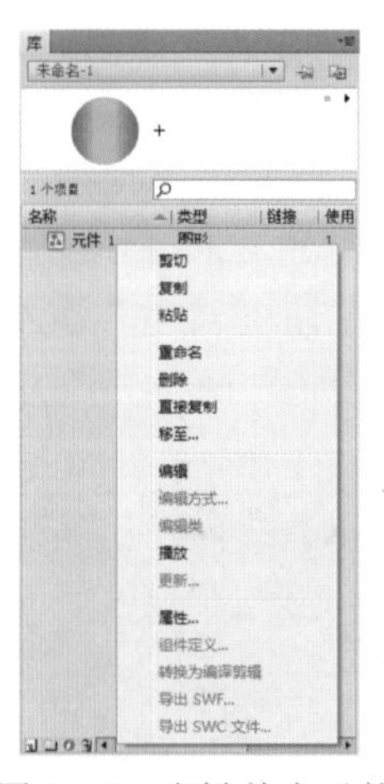

图 6-20 右键单击元件

（3）打开“库”面板，右击该元件，并在弹出的快捷菜单中选择【直接复制】命令，如图 6-20 所示。在打开的“直接复制元件”对话框中，将类型选择为“影片剪辑”后，单击“确定”按钮，创建一个影片剪辑元件，如图 6-21 所示。

（4）观察“库”面板中两个元件的图标，如图 6-22 所示。

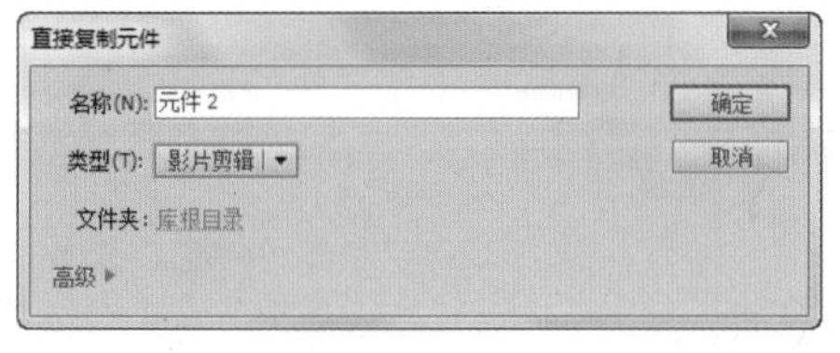

图 6-21 “直接复制元件”对话框

图 6-22 两类元件的图标

小辞典

图形元件：可用于静态图像，并可用来创建连接到主时间轴的可重用动画片段。图形元件与主时间轴同步运行。交互式控件和声音在图形元件的动画序列中不起作用。图形元件在 FLA 文件中的尺寸小于按钮或影片剪辑。

影片剪辑元件：可以创建可重用的动画片段。影片剪辑拥有各自独立于主时间轴的多帧时间轴。影片剪辑元件可以包含交互式控件、声音甚至其他影片剪辑实例。也可以将影片剪辑实例放在按钮元件的时间轴内，以创建动画按钮。

（5）通过右键菜单中的【编辑】命令，或者双击元件名称前的图标，进入该元件的编辑状态，并观察该影片剪辑元件内部的动画效果。

（6）返回主场景，分别将库中的图形元件和影片剪辑元件拖放到舞台上。测试影片，观察测试结果。

（7）在主场景时间轴的第 10 帧处插入帧，测试影片，观察测试结果。在第 20 帧处插入帧，测试影片，观察测试结果。

（8）在插入帧后，按下回车键，观察元件在舞台上的播放效果。

小提示

（1）通过“库”面板中元件图标的不同，可以判断出该元件的类型。

（2）图形元件和影片剪辑元件中都有时间轴，都可以制作各种类型的动画效果。

（3）在测试影片时，如果主场景时间轴只有 1 个关键帧，则图形元件只能看到其内部第 1 帧的内容，而影片剪辑元件的动画效果可以正常播放。主场景时间轴上的帧被延长后，则图形元件也可以播放自身与主场景时间轴帧数相同的动画。

（4）主场景时间轴上的帧被延长后，在场景内播放时，可以看到图形元件的动画效果，而影片剪辑元件看不到实际播放效果。

6.2.5 任务实施

（1）新建一个 Flash 文档，设置舞台大小为 300 像素 × 400 像素，帧频为 12，并选择恰当的背景颜色。

（2）按组合键“Ctrl+F8”，新建一个图形元件，命名为“旋转臂”，并参照图 6-23 所示绘制出摩天轮转盘的一个旋转臂。

（3）单击“库”面板底部的【新建元件】按钮，新建一个图形元件，命名为“转盘”。在“转盘”元件内放置 12 个“旋转臂”元件，并摆放成如图 6-24 所示的转盘形状。

小技巧

（1）绘制旋转臂时，可以使用“网格”辅助绘图；也可以先绘制成“矩形”状，再通过“扭曲”进行变形。

（2）放置“旋转臂”元件时，可以使用“复制”、“粘贴”的方法。摆放元件时可以使用“变形”面板进行 30° 角的旋转。

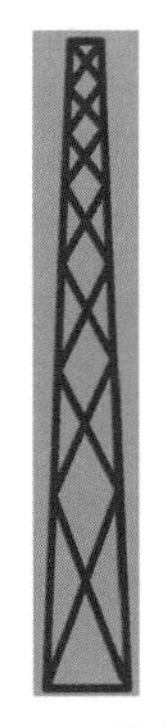

图 6-23　旋转臂

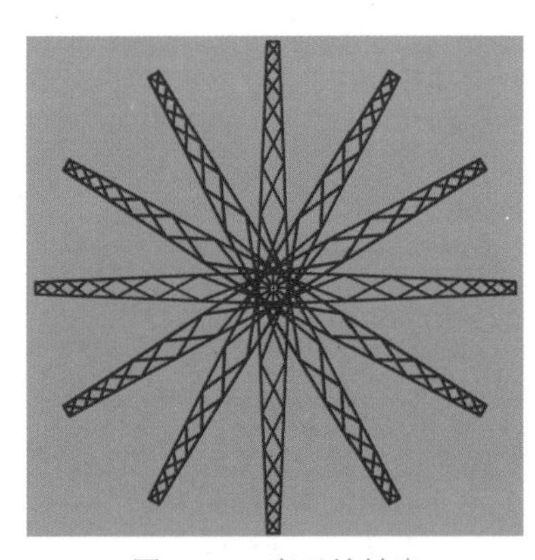

图 6-24　摩天轮转盘

（4）返回主场景，将图形元件“转盘”从库中拖放到舞台上的合适位置，并将其所在图层重命名为“转盘”。在该图层第 120 帧插入关键帧，并将第 120 帧中的“转盘”实例旋转 -10°。在第 1 帧至第 120 帧之间创建传统补间动画，设置补间参数为顺时针旋转 0 次。

小提示

使用 120 帧制作“转盘”的旋转效果，则每一帧中的“转盘”会依次顺时针转动 3°。

（5）新建一个图形元件，命名为“车厢”，并参照图 6-25 所示绘制出摩天轮的一个车厢。

（6）新建一个图形元件，命名为“车厢转动”，在其内部运用引导路径动画制作车厢旋转一周的动画效果。引导路径如图 6-26 所示。

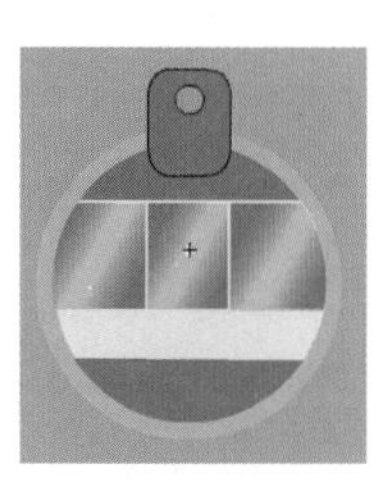

图 6-25　车厢

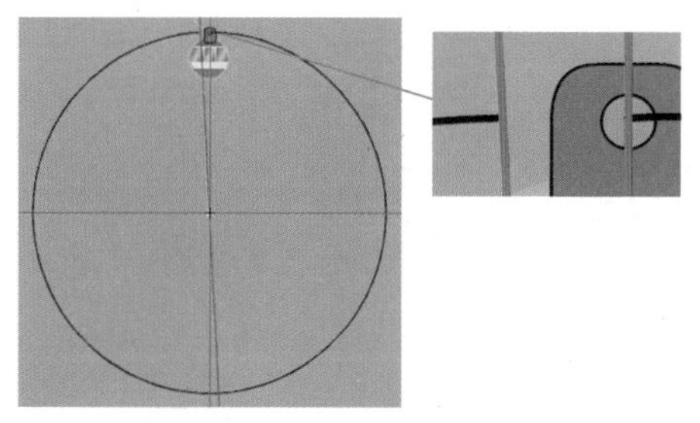

图 6-26　车厢转动的引导路径

（7）返回主场景，在“转盘”图层下新建一个图层，命名为“车厢”。在“车厢”图层的第 1 帧上放置一个“车厢转动”元件，并移动到合适位置，如图 6-27 所示。选取“车厢转动”实例，使用组合键“Ctrl+C”对其进行复制，并使用组合键“Ctrl+Shift+V”，粘贴 11 次，保证 12 个实例完全重合。

（8）选中一个“车厢转动”实例，在“属性”面板的“循环”参数区设置其图形选项为“循环”，第一帧从元件内部的“11”帧开始，如图 6-28 所示。

图 6-27　放置“车厢转动”元件

图 6-28　设置实例的图形选项

（9）依次设置另外 10 个“车厢转动”实例的属性，第 1 帧分别设置为“21”、“31”、“41”、“51”、“61”、“71”、“81”、“91”、“101”、“111”。设置完成后的效果如图 6-29 所示。

（10）新建两个图层，分别绘制摩天轮的前后支架，如图 6-30 所示。此时，时间轴上的图层如图 6-31 所示。

小提示

制作车厢转动动画效果时，需要在圆形路径上擦除出一个豁口。为了能和转盘转动同步，本引导路径动画应使用 120 帧完成。又由于转盘转动时每一帧转动 3°，所以这个豁口的圆心角也应为 3°。擦除豁口时可以添加相应的辅助线来确定豁口的位置（图 6-26 中红色的直线）。

小技巧

车厢的旋转轨迹（圆形的引导路径）的圆心和摩天轮转盘的中心点应当重合。由于引导层中的内容不被显示，可以临时将“车厢转动”元件中的引导层更改为普通层后，再通过“对齐”面板，使两者中心点重合。随后再恢复“车厢转动”元件中的图层关系。

小辞典

“循环”参数是图形元件独有的选项设置，包括如下三项：

（1）循环：包含在元件中的动画，从指定帧开始循环播放。

（2）播放一次：包含在元件中的动画，从指定帧开始只播放一次。

（3）单帧：包含在元件中的动画，只显示指定的一帧。

小提示

由于车厢在每一帧转动 3°，所以在第 11 帧、第 21 帧、…、第 111 帧处时恰好转动到 30°、60°、…、330°，将与转盘的各个旋转臂相吻合。

图 6-29　设置图形选项后的效果　　图 6-30　绘制前后支架

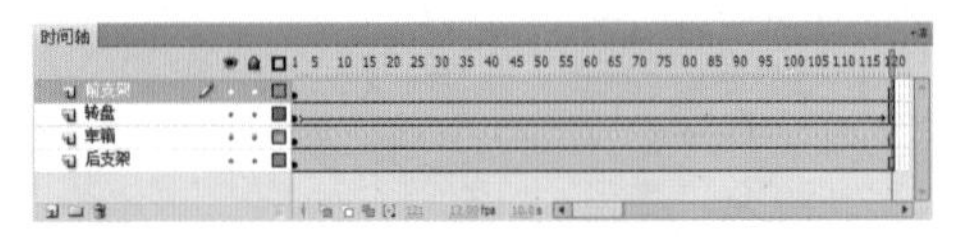

图 6-31　时间轴上的图层

（11）保存文档，并测试影片，就可以看到一座摩天轮缓缓转动的动画效果。

6.2.6　任务小结

图形元件和影片剪辑元件都可以制作动画，并且都可以播放。但影片剪辑元件具有独立的时间轴，在主场景中可以自动播放。而图形元件要受主场景时间轴的制约，即主场景时间轴要为图形元件留有足够多的帧，才可以正常播放。

图形元件常用于放置静态的信息，影片剪辑元件常用于创建独立于主时间轴播放的可重复使用的动画部分。

6.2.7　任务拓展

1. 任务描述

雪花纷纷扬扬的从空中飘下，溶入大地，如图 6-32 所示。

2. 任务分析

冬天下雪时，纷纷扬扬的雪花从天而降。为了达到逼真的效果，场景中应该有大量的雪花落下，落下的路径要有所变化，并且随着雪花位置的降低，要渐渐消失。这些效果均可以利用影片剪辑元件来实现。任务完成后的时间轴状态如图 6-33 所示。

小技巧

可以制作一个支架后，将其转化为元件，则另一个支架也能通过该元件创建。

图 6-32　“雪花飘飘”效果图

3．操作提示

（1）新建一个 Flash 文档，设置舞台大小为 550 像素 × 400 像素，帧频为 24。

（2）导入图片，制作背景图层。

（3）新建图形元件，命名为“雪花”，并绘制出白色的雪花。如图 6-34 所示。

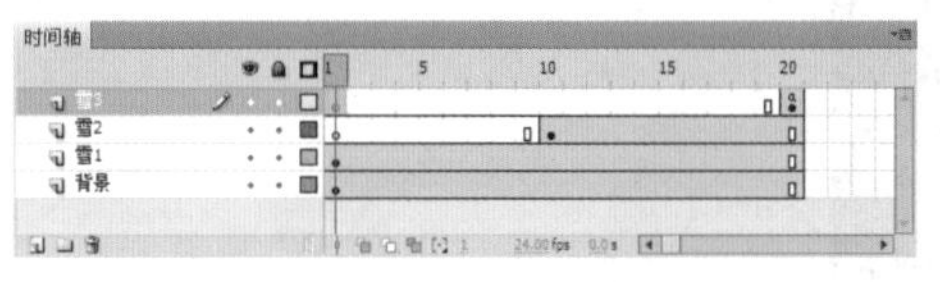

图 6-33　时间轴状态

图 6-34　“雪花”图形元件

（4）新建影片剪辑元件，命名为“下雪 1”，并使用引导路径动画制作一片雪花下落的效果。

（5）在“库”面板中，将影片剪辑元件“下雪 1”复制 2 份，分别命名为“下雪 2”、“下雪 3”，并改变每一个元件内部的引导路径和动画所使用的帧数。三个元件的引导路径可参照如图 6-35 所示。

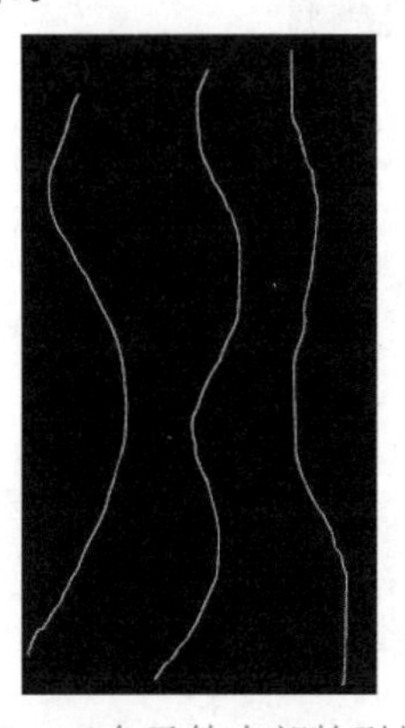

图 6-35　三个元件内部的引导路径

小技巧

为了方便绘制，可以将文档背景色设置为与图形有较大反差的颜色，并可以将工作区高倍放大。雪花是白色的且很小，可以将文档背景色设置为黑色，显示比例设置为 2000% 后进行绘制。

小提示

改变引导路径和帧数是为了让雪花落下的方向和速度有所区别。

（6）在主场景中新建三个图层，命名为“雪 1”、“雪 2”、“雪 3”。在“雪 1”的第 1 帧、“雪 2”的第 10 帧、“雪 3”的第 20 帧处创建关键帧。每一个关键帧上均随机摆放若干个“下雪 1”、“下雪 2”、“下雪 3”影片剪辑元件。

（7）选中第 20 帧的关键帧，按下 F9 键，打开“动作”面板，为 20 帧添加动作“stop( );”。

（8）保存文档，测试影片。

小提示

为了实现雪花从画面外飘落的效果，可以将部分元件放置到舞台上方。

小提示

20 帧添加动作“stop( );”，播放影片时，主场景将不再返回第 1 帧重新开始，但影片剪辑还会继续播放，达到雪花不间断飘下的效果。

6.2.8 自主创作

1. 任务描述

漆黑的夜晚，一个火柴小人在街道上向前奔跑，如图 6-36 所示。

图 6-36 “火柴小人”效果图

2. 任务要求

（1）使用影片剪辑元件，运用逐帧动画或骨骼工具制作奔跑的小人。

（2）奔跑的小人和他的影子使用同一个影片剪辑元件创建。

（3）使用图形元件绘制街道上的白色分道线，使用影片剪辑元件制作分道线向后移动的效果。

（4）主场景时间轴只使用一个关键帧。

任务 6.3　按钮元件——网站导航条

6.3.1　任务描述

为某网站制作的网站导航条。导航条上有 7 个按钮：游戏首页、游戏下载、游戏充值、游戏帮助、游戏社区、游戏推广、联系我们。鼠标指向某个按钮后，指针形状变为手形，按钮文字变色、变大。单击按钮，按钮文字变小。制作完成的“网站导航条”如图 6-37 所示。

图 6-37　“网站导航条”效果图

6.3.2　任务目标

掌握按钮元件的建立方法，并学会图形元件、影片剪辑元件在按钮中的使用。

6.3.3　任务分析

（1）创建按钮元件，完成“游戏首页”按钮的制作。

（2）通过“直接复制”命令，将“游戏首页”按钮复制多份，并将按钮内的文字分别修改为“游戏下载”、“游戏充值”、“游戏帮助”、“游戏社区”、“游戏推广”、“联系我们”。

（3）在主场景中绘制背景，并放置制作好的按钮。

6.3.4　任务准备

探索：按钮是如何绘制出来的

（1）新建一个 Flash 文档。

（2）在舞台上绘制一个红色的矩形。选中该矩形后，按下 F8 键，通过弹出的“转换为元件”对话框将其转换为按钮元件。

网站中的导航条是指通过一定的技术手段，为网站的访问者提供一定的途径，使其可以方便地访问到所需的内容，是人们浏览网站时可以快速从一个页面转到另一个页面的快速通道。

通过导航条，可以让网站的层次结构以一种有条理的方式清晰展示，并引导用户毫不费力地找到并管理信息，让用户在浏览网站的过程中不至于迷失。所以，在制作导航条时，一定要简洁、直观、明确。

小辞典

按钮元件：包含了不同的按钮状态，可以创建用于响应鼠标单击、滑过或其他动作的交互式按钮，也可以定义与各种按钮状态关联的图形，然后将动作指定给按钮实例。按钮的使用可以使 Flash 影片更具有交互性。

（3）打开“库”面板，右击该元件，并在弹出的快捷菜单中选择【编辑】命令，进入该按钮元件的编辑状态。观察按钮元件的时间轴，如图 6-38 所示。

图 6-38 按钮元件的时间轴

（4）在第 2 帧（即“指针经过”）上插入关键帧，并将该帧上的矩形颜色修改为绿色。在第 3 帧（即“按下”）上插入关键帧，并将该帧上的矩形颜色修改为红色。在第 4 帧（即“点击”）上插入关键帧。

（5）返回主场景，测试影片。观察鼠标指针不在按钮上、移动到按钮上和在按钮上单击三种情况下的不同结果。

（6）再次进入该按钮元件的编辑状态，将“点击”帧上的矩形改变颜色、缩小、放大或移动位置后，测试影片，并观察鼠标指针不在按钮上、移动到按钮上和在按钮上单击三种情况下的不同结果。

小提示

按钮元件是一种特殊的 4 帧交互式影片剪辑，其元件内部包含有专用的时间轴，包括“弹起”、“指针经过”、“按下”和“点击”。

（1）弹起：鼠标指针没有经过按钮时该按钮的状态。

（2）指针经过：鼠标指针滑过按钮时该按钮的外观。

（3）按下：鼠标单击按钮时该按钮的外观。

（4）点击：定义响应鼠标单击的物理区域。在 Flash Player 中播放影片时，此区域不可见。

6.3.5 任务实施

（1）新建 Flash 文档，脚本选择“ActionScript 3.0”，并设置舞台大小为 900 像素 ×55 像素。

（2）按下组合键“Ctrl+F8”，新建一个图形元件，命名为“按钮背景”。使用基本矩形工具，绘制出如图 6-39 所示的图形，并设定宽为 120，高为 55，笔触颜色为 #000000，填充颜色为 #FFFF00，矩形边角半径为 30。

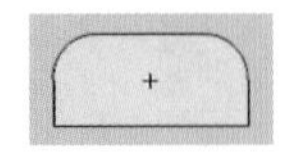
图 6-39 按钮背景

（3）单击“库”面板底部的【新建元件】按钮，新建一个按钮元件，命名为“游戏首页”。此时，时间轴“弹起”帧上会自动添加空白关键帧。将图形元件“按钮背景”拖放到舞台上，并使用“对齐”面板将其放置到舞台中心。

小技巧

把图形元件“按钮背景”放置到舞台中心，将有利于调整其他对象与该元件的位置关系。

（4）在“点击”帧上插入帧，将“弹起”帧上的内容延续到该帧。

小技巧

延续“弹起”帧上的内容，可以保证按钮的响应区域不会出现偏差。

（5）新建一个图层，命名为“文字”。在该图层的“弹起”帧上添加文本“游戏首页”。字体为华文新魏，大小为20点，颜色为#0000FF，并放置到舞台中心。

（6）在“文字”图层的“指针经过”和“按下”帧上均插入关键帧，并将“指针经过”帧上的文字放大少许。

（7）为“弹起”帧上的文字添加“发光”滤镜，阴影颜色设为#0000FF，并选中“挖空”和“内发光”选项。本按钮至此制作完成，时间轴状态如图6-40所示。

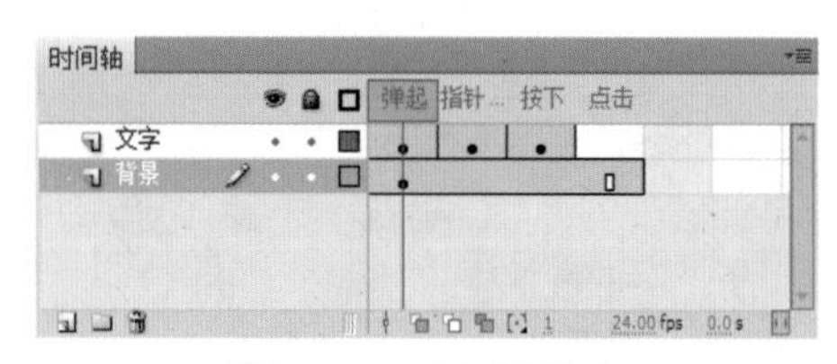

图6-40　时间轴状态

（8）继续制作其他6个按钮，分别命名为“游戏下载”、“游戏充值”、“游戏帮助”、“游戏社区”、“游戏推广”、“联系我们”。

这7个按钮相似，可以使用【直接复制】命令，将按钮“游戏首页”复制6次后，对应修改每个按钮内各个帧上的文字内容即可。

（9）返回主场景，将图层名称改为“按钮”。从库中将7个按钮元件拖放到舞台上，并通过“对齐”面板排列按钮位置，如图6-41所示。

图6-41　排列按钮位置

（10）在“按钮”图层下新建一个图层，命名为“背景”。绘制两个矩形，并填充颜色，如图6-42所示。

图6-42“背景”图层

（11）保存文档，测试影片。使用鼠标在按钮上移动或单击，即可看到实际效果。

6.3.6　任务小结

按钮元件不同于图形元件和影片剪辑元件。它的时间轴只有4个帧，每一帧都有固定的名称，分别是“弹起”、“指针经过”、“按下”和“点击”。前三帧对应了按钮的3种显示状态，第4帧则用于定义按钮的响应区域。按钮一般设计为

具有不同的“弹起”、“指针经过”和“按下”状态，这些状态使按钮在光标移动到其上方时和被单击时看起来不同。

6.3.7 任务拓展

1．任务描述

为某网站制作的网站导航条。鼠标指向某个按钮后，导火索被点燃，最终引爆地雷。制作完成的“网站导航条”如图 6-43 所示。

图 6-43 “网站导航条”效果图

2．任务分析

按钮中的“指针经过”只有一帧。在一帧中要实现动画效果，可以利用影片剪辑元件的特点来实现。按钮制作完成后的时间轴状态如图 6-44 所示。

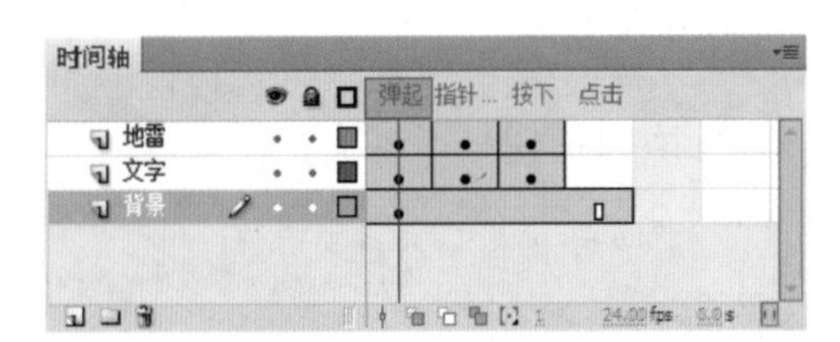

图 6-44 时间轴状态

3．操作提示

（1）新建 Flash 文档，脚本选择“ActionScript 3.0”，并设置舞台大小为 900 像素 ×55 像素。

（1）引线燃烧可使用引导路径动画实现。其中，引导路径可直接复制背景图形的边框线。

（2）引线的减少可使用逐帧动画来实现，最后两帧为爆炸效果。

（2）使用影片剪辑元件制作地雷爆炸的动画效果。该元件的内容和时间轴状态如图 6-45 所示。

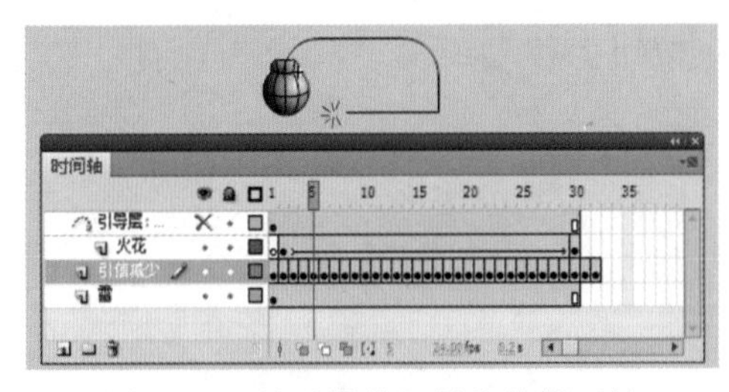

图 6-45 “地雷爆炸”影片剪辑元件

（3）创建按钮元件，除上例中使用到的“背景”和“文字”图层外，应新建一个名称为“地雷”的图层。

（4）在“地雷”图层的“弹起”、“指针经过”和“按下”帧均放置一个“地雷爆炸”影片剪辑元件，并与按钮背景对齐。

（5）通过“属性”面板，重新设置“弹起”和“按下”帧上的“地雷爆炸”影片剪辑元件实例的类型，其类型应修改为“图形”，如图 6-46 所示。

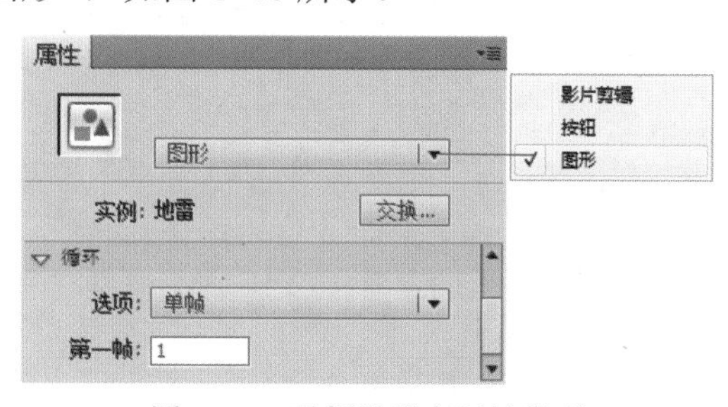

图 6-46　重新设置实例的类型

（6）将按钮复制多份，修改对应文字，并将其摆放到舞台中的合适位置。

（7）保存文档，测试影片。

6.3.8　自主创作

1．任务描述

使用 Flash CS5 公用库中的按钮制作网站导航条，如图 6-47 所示。

图 6-47 “网站导航条”效果图

小辞典

Flash CS5 提供的公用库包括“声音”、“按钮”和“类”三项，执行【窗口】→【公用库】命令即可选择打开相应类别的公用库。将项目从公用库拖入当前文档的库中或舞台上即可使用该项目。

2．任务要求

（1）在按钮公用库中选择合适的按钮类型，添加到当前文档中，并删除该按钮元件中的文字图层。

（2）使用将该按钮元件在舞台上创建 7 个实例，并摆放整齐。

（3）在主场景中创建文字图层，录入相应的文字。

从公用库中添加的按钮元件一般包含文字图层，只要修改对应图层的内容即可变为用户需要的按钮。

如果需要多个同一样式的按钮，又不想增加库中按钮元件的数量，则可以删除该图层后，在相应的按钮实例上添加文字。

任务 6.4　位图与声音——导入精彩

6.4.1　任务描述

精美的图片，美妙的音乐，导入动画文档后，会让我们制作的影片更加精彩。在“踏雪无痕”中，一只豹子在雪地上飞奔，配以轻快的背景音乐，展示了自然的魅力。效果如图 6-48 所示。

图 6-48 “导入精彩——踏雪无痕”效果图

6.4.2 任务目标

（1）掌握导入位图的步骤，并学会对位图的简单处理。

（2）掌握导入声音的步骤，理解常见声音事件的作用，并学会对声音效果的编辑。

6.4.3 任务分析

（1）导入雪景图片，并制作背景移动的效果。

（2）导入雪豹 GIF 动画；

（3）导入 MP3 音乐，作为背景音乐。

（4）制作太阳。

6.4.4 任务准备

探索：导入位图或声音文件的步骤

（1）新建一个 Flash 文档。

（2）选择【文件】→【导入】→【导入到舞台】命令，导入 JPG 格式的图片文件，观察舞台、时间轴和库中的相应内容；导入 GIF 格式的图片文件，观察舞台、时间轴和库中的相应内容；导入 MP3 格式的声音文件，观察舞台、时间轴和库中的相应内容。

（3）选择【文件】→【导入】→【导入到库】命令，导入 JPG 格式的图片文件，观察舞台、时间轴和库中的相应内容；导入 GIF 格式的图片文件，观察舞台、时间轴和库中的

豹子是猫科豹属的一种动物，在四种大型猫科动物中体积最小。豹的颜色鲜艳，有许多斑点和金黄色的毛皮，故又名金钱豹或花豹。豹可以说是敏捷的猎手，身材矫健，动作灵活，奔跑速度快，也是文学作品和绘画的热点题材之一。

位图，也叫光栅图，是由很多个像小方块一样的颜色网格（即像素）组成的图像。位图中的像素由其位置值与颜色值表示，也就是将不同位置上的像素设置成不同的颜色，即组成了一幅图像。位图图像放大到一定的倍数后，看到的便是一个一个方形的色块，整体图像也会变得模糊、粗糙。

虽然位图文件所占的空间较大，放大到一定倍数后会产生锯齿，但位图图像在表现色彩、色调方面的效果比矢量图更加优越，尤其是在表现图像的阴影和色彩的细微变化方面效果更佳。

MP3 是一种音频压缩技术，其全称是动态影像专家压缩标准音频层面 3。它被设计用来大幅度地降低音频数据量。利用 MPEG Audio Layer 3 的技术，将音乐以 1:10 甚至 1:12 的压缩率，压缩成容量较小的文件，而对于大多数用户来说重放的音质与最初的不压缩音频相比没有明显的下降。

相应内容；导入 MP3 格式的声音文件，观察舞台、时间轴和库中的相应内容。

（4）选择【文件】→【导入】→【导入到舞台】命令，导入素材中的图片文件“奔跑的豹子 1.png”，将会弹出如图 6-49 所示的对话框。尝试单击“是”或“否”按钮，观察两种情况下的不同结果。

图 6-49　提示信息

6.4.5　任务实施

（1）新建 Flash 文档，设置舞台大小为 550 像素 ×280 像素。

（2）选择【文件】→【导入】→【导入到库】命令，将位图文件“雪景 .jpg”和“豹子 .gif”导入到库中。

（3）新建一个图形元件，命名为“背景图片”。从库中将位图“雪景 .jpg”拖入舞台，并将其大小调整为 550 像素 × 280 像素。

（4）将舞台上的图片复制一份，并调整两张图片的位置，使其前后连接，如图 6-50 所示。

左图　　　　右图

图 6-50　摆放图片

（5）返回主场景，将元件“背景图片”拖入舞台，通过“对齐”面板使其与舞台“左对齐”、“顶对齐”后（即让元件中的左图与舞台完全对齐），将其转换为影片剪辑元件，命名为“背景移动”。

（6）鼠标双击舞台上的“背景移动”实例，进入其元件的编辑状态。创建 40 帧的补间动画效果，实现背景图片从右向左的移动。在第 40 帧时，实例中的右图应与舞台完全对齐。

导入 GIF 动画时，文件中的每一帧均会以位图的形式导入库中。如果选择的是【导入到库】命令，则库中同时生成对应的影片剪辑元件。

如果所导入的文件名以数字结尾，并且在同一文件夹中还有其他按顺序编号的文件，在导入时就会弹出如图 6-49 所示的对话框。

单击“是”，将导入所有的连续文件。单击“否”，则只导入指定的文件。

导入时，还可以通过拖放操作或复制 / 粘贴的方式将位图从应用程序或资源管理器导入到 Flash 中。

在舞台上双击实例，即可在当前位置进入其对应元件的编辑状态，可以在编辑状态更好地调整元件与舞台的位置对应关系。

（7）返回主场景，新建一个图层。将“豹子 .gif”所对应的影片剪辑元件拖入舞台，并放置到恰当的位置。对该元件实例进行复制，并通过滤镜制作随豹子一起飞奔的影子效果。

（8）新建一个图层，绘制出冬天的太阳。

（9）选择【文件】→【导入】→【导入到库】命令，将 MP3 文件“01.mp3”导入到库中。

（10）新建一个图层，重命名为“音乐”。选中第 1 帧，在“属性”面板的“声音”设置区域内，通过“名称”下拉列表选择导入的声音文件“01.mp3”，并设置“同步”属性为“事件”和“循环”。如图 6-51 所示。此时，“音乐”图层的第 1 帧上就会添加一条线，它表示导入声音的波形，如图 6-52 所示。

小技巧

声音最好放在一个独立的图层上。将声音直接从库中拖到舞台上，也可将其添加到当前层中。

图 6-51　选择声音文件

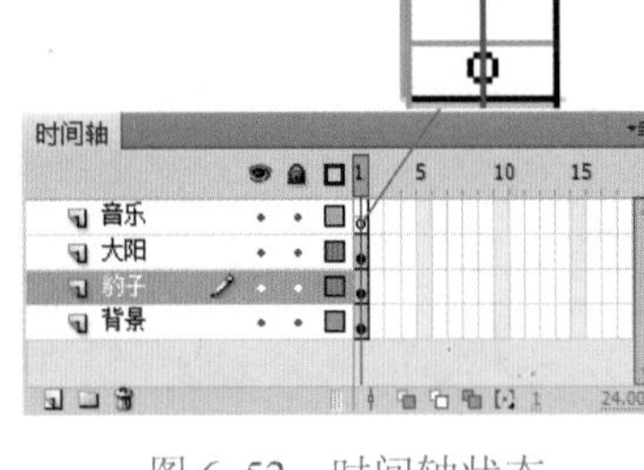

图 6-52　时间轴状态

（11）保存文档，测试影片，即可看到一只豹子配合着轻快的音乐在雪地上飞奔。

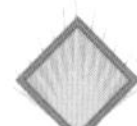

小辞典

Flash 中的声音有两种类型：事件声音和音频流。事件声音必须完全下载后才能开始播放，除非明确停止，否则它将一直连续播放。音频流在前几帧下载了足够的数据后就开始播放。

声音类型可以通过“同步”属性进行设置。

（1）事件：从起始关键帧开始显示时播放，并独立于时间轴完整播放整个声音，即使影片已经停止，播放也会继续。

（2）开始：与“事件”选项的功能相近。但是如果声音已经在播放，则新声音实例就不会播放。

（3）停止：停止指定的声音。

（4）数据流：用于在互联网上同步播放声音。选中该项后，Flash 会强制动画和音频流同步。与事件声音不同，音频流随着影片的结束而停止。而且，音频流的播放时间绝对不会超过它所占帧的长度。

（5）重复：输入一个值，指定声音循环播放的次数。

（6）循环：连续重复播放。

6.4.6　任务小结

图片、声音等外部素材，是多媒体作品中不可或缺的组成部分。精美的图片、悠扬的音乐可以让我们的作品更加引人入胜。Flash 中，即可以使用在其他应用程序中创建的图形，也可以导入各种文件格式的矢量图形、位图，更可以将声音文件导入到影片当中。导入的这些素材，将永久保留在动画作品中，成为作品的一部分，并可以随着动画一起发布。

6.4.7　任务拓展

1. 任务描述

宣泄而下的瀑布，发出轰鸣的巨响，正应了李白的那首

诗“日照香炉生紫烟，遥看瀑布挂前川。飞流直下三千尺，疑是银河落九天”。最终效果如图 6-53 所示。

2．任务分析

瀑布宣泄的效果可以使用遮罩来实现，配以真实的瀑布声和充满韵味的诗词朗诵，让人们身临其境地感受到了“望庐山瀑布”的意境。制作完成后的时间轴状态如图 6-54 所示。

图 6-53 “望庐山瀑布”效果图

图 6-54 时间轴状态

3．操作提示

（1）新建 Flash 文档，设置舞台大小为 450 像素 ×600 像素，帧频为 12，并导入图片“庐山瀑布.jpg”作为影片背景。

（2）新建影片剪辑元件，并使用遮罩来制作瀑布宣泄的效果。遮罩元件由一组均匀间距的水平矩形构成，如图 6-55 所示。遮罩层创建 10 帧的补间动画，实现遮罩元件从上向下的短距离移动。被遮罩层中放置从图片“庐山瀑布.jpg”中截取出的瀑布流水部分，如图 6-56 所示。

图 6-55 遮罩元件

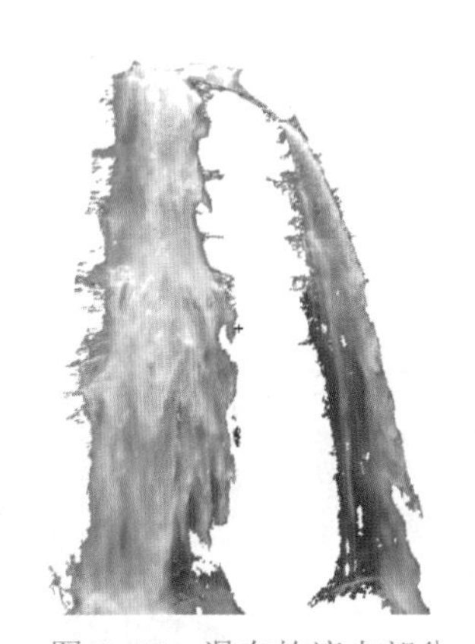
图 6-56 瀑布的流水部分

从图片中截取瀑布的流水部分时，应对原图进行复制，以免破坏原图。

截取前应将图片分离成形状，再使用套索工具或魔术棒选取瀑布的流水部分。然后，将其复制并粘贴到被遮罩层中。

（3）新建影片剪辑元件，并使用遮罩来制作诗词滚动字幕的效果。遮罩元件为一个矩形，而被遮罩层中放置“望庐山瀑布”的诗句，并创建368帧的补间动画，实现诗句元件从左向右的移动。遮罩元件与被遮罩元件的位置关系如图6-57所示。

图 6-57　遮罩元件与被遮罩元件的位置关系

（4）在主场景中新建两个图层，用于放置瀑布宣泄和诗词滚动字幕两个影片剪辑元件。调整相应元件的位置，使影片剪辑中的瀑布恰好与背景图片中的瀑布重合。

（5）导入“望庐山瀑布.mp3”和“瀑布声.mp3”，并新建两个图层将其分别放入。本例中瀑布声应稍低，从而突出诗词朗诵的声音。选中“瀑布声.mp3”所在帧后，查看其“属性”面板。单击“效果”选项后的“编辑声音封套”按钮，在弹出的“编辑封套”对话框中设定“效果”为“自定义”，并向下拖曳封套手柄来调低声音播放时的音量，如图6-58所示。

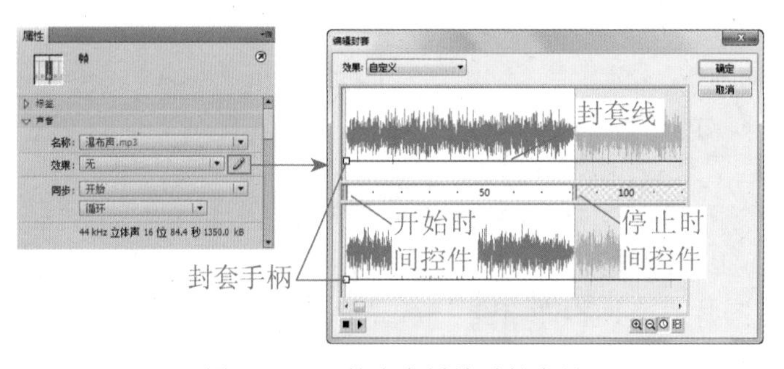

图 6-58　调整声音播放时的音量

6.4.8　自主创作

1．任务描述

使用三张位图和Flash CS5公用库中的声音制作网站导航条，如图6-59所示。

图 6-59 “网站导航条”效果图

2．任务要求

（1）导入三张位图（02.gif、03.gif、04.gif）用以制作按

小技巧

为了让诗词的滚动与朗诵的速度同步，完成该补间动画的时间应与朗诵所用时间相同或相近。

导入“望庐山瀑布.mp3”后，在库中右击该项目，并在弹出的快捷菜单中选择【属性】命令，即可在“声音属性”对话框中看到它的播放时间为30.6 s。

在时间轴上尝试插入帧，并观察时间轴面板下方的提示信息，即可发现在帧频为12的情况下，到368帧处的运行时间恰好为30.6 s。从而确定补间动画所用帧数。

小辞典

声音的“效果”包括以下几个选项：

（1）无：不对声音文件应用效果。选中此选项将删除以前应用的效果。

（2）左声道/右声道：只在左声道或右声道中播放声音。

（3）从左到右淡出/从右到左淡出：会将声音从一个声道切换到另一个声道。

（4）淡入：随着声音的播放逐渐增加音量。

（5）淡出：随着声音的播放逐渐减小音量。

（6）自定义：允许使用“编辑封套”对效果进行编辑。拖动“开始时间”和“停止时间”控件，可以改变声音的起始点和终止点。封套线显示声音播放时的音量，可以拖曳封套手柄进行调整。单击封套线还可以创建新的封套手柄（最多8个），将其拖出对话框即可删除多余的封套手柄。

钮。三张图片分别对应按钮的“弹起”、“指针经过”和“按下”三种状态。

（2）在声音公用库中选择“Weapon Gun Machine Gun 9mm Single Shot Interior Shooting Range 01.mp3”，添加到当前文档中。指针经过时发出该声音。

（3）在主场景中创建文字图层，录入相应的文字。

任务 6.5　导入视频——精彩不容错过

6.5.1　任务描述

守在电视机前，欣赏着一段段不容错过的精彩视频，你心动了吗？制作如图 6-60 所示的动画效果。

图 6-60 “精彩不容错过”效果图

小辞典

连续的图像变化每秒超过 24 帧画面以上时，根据视觉暂留原理，人眼无法辨别单幅的静态画面，看上去是平滑连续的视觉效果，这样连续的画面叫做视频。

视频技术最早是为了电视系统而发展，但是现在已经发展为各种不同的格式以利消费者将视频记录下来。网络技术的发达也促使视频的纪录片段以流媒体的形式存在于因特网并可被计算机接收与播放。

6.5.2　任务目标

掌握“使用回放组件加载外部视频”和“在 SWF 中嵌入 FLV 并在时间轴中播放”两种导入视频的步骤，并能根据不同的情况选用恰当的方法。

小辞典

FLV 是随着 Flash 的推出发展而来的新的视频格式，其全称为 Flash Video。由于它形成的文件极小、加载速度极快，使得网络观看视频文件成为可能，它的出现有效地解决了视频文件导入 Flash 后，使导出的 SWF 文件体积庞大，不能在网络上很好的使用等缺点。目前多数在线视频网站均采用此视频格式。

6.5.3　任务分析

（1）绘制背景，并使用图形元件绘制电视机。

（2）导入视频文件“烟花 .flv”。

（3）调整视频文件的大小、位置。

6.5.4 任务准备

探索：导入视频文件的步骤

（1）新建一个 Flash 文档，选择脚本“Action Script 3.0”或“Action Script 2.0”，分别完成以下步骤的探索，观察二者的区别。

（2）选择【文件】→【导入】→【导入视频】命令，打开“导入视频”对话框，如图 6-61 所示。在该对话框中，可以“在您的计算机上”选择已经存在的视频文件，也可以通过“已经部署到 Web 服务器、Flash Video Streaming Service 或 Flash Media Sever”选项输入 URL。

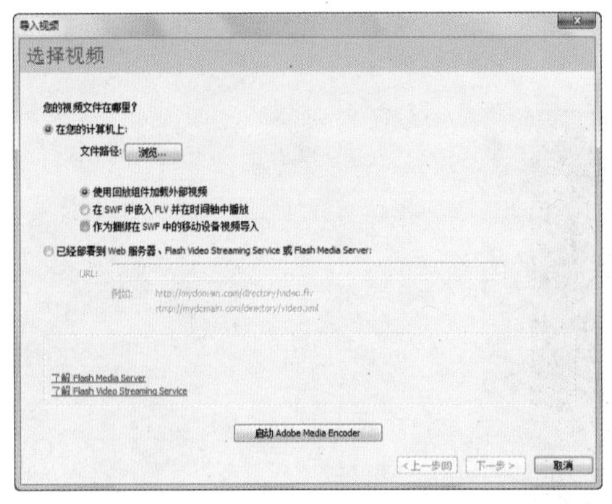

图 6-61 “导入视频”对话框

（3）单击“浏览”按钮，选择素材文件“烟花 .avi”，观察弹出的提示信息。再次单击“浏览”按钮，选择素材文件“烟花 .flv”。对比两次操作的结果，并分析原因。

（4）分别选择“使用回放组件加载外部视频”和“在 SWF 中嵌入 FLV 并在时间轴中播放”两个选项导入视频“烟花 .flv”，观察两种情况下时间轴、舞台和库中的显示结果。

小辞典

如果视频文件在本地计算机中，则可以选择视频集成在 Flash 文档中的方式。

（1）使用回放组件加载外部视频：导入视频并创建 FLVPlayback 组件的实例以控制视频播放。

（2）在 SWF 中嵌入 FLV 并在时间轴中播放：将 FLV 嵌入到 Flash 文档中。嵌入的视频文件将成为文档的一部分。

（3）作为捆绑在 SWF 中的移动设备视频导入：将视频绑定到 Flash Lite 文档中以部署到移动设备。

6.5.5 任务实施

（1）新建 Flash 文档，设置舞台大小为 550 像素 ×400 像素，帧频为 24，舞台背景颜色为 #CC99CC。

（2）使用 Deco 工具，进行“藤蔓式填充”，完成背景绘制。

（3）新建一个图形元件，命名为“电视机”。使用“矩形工具”完成电视机的绘制。返回主场景，新建一个图层，将元件“电视机”从库中拖入舞台，并调整到合适的大小和位置。

（4）新建一个影片剪辑元件，命名为“视频”。选择【文件】→【导入】→【导入视频】命令，并通过“在 SWF 中嵌入 FLV 并在时间轴中播放”选项，将视频文件“烟花 .flv”导入该影片剪辑元件内部（其余均选择默认设置）。

（5）返回主场景，新建一个图层，将元件“视频”拖入舞台，并调整到合适的大小和位置。

（6）保存文档，测试影片，即可看到美丽的烟花在电视机屏幕上绽放。

如果要使用在时间轴上线性播放的视频剪辑，最合适的方法就是“在 SWF 中嵌入 FLV 并在时间轴中播放”。但如果嵌入的视频文件过大，则可能需要很长时间才能下载完整个 SWF 文件，然后才能开始播放。因此，建议只嵌入短小的视频剪辑。

由于每个视频帧都由时间轴中的一个帧表示，因此视频文件和 SWF 文件的帧速率必须设置为相同的速率。如果二者不一致，则视频播放可能会达不到预期效果。

将视频置于影片剪辑元件中，视频的时间轴将独立于主时间轴进行播放。既不必为容纳该视频而将主时间轴扩展很多帧，也可以获得对视频的最大控制。

6.5.6　任务小结

Flash 文档中仅可以导入特定的视频格式，包括 FLV 和 F4V 等视频格式。导入视频时，既可以导入已经部署到 Web 服务器、Flash Video Streaming Service（FVSS）或 Flash Media Server（FMS）的视频文件，也可以导入本地计算机中存放的视频文件。既可以将视频文件嵌入时间轴，也可以使用 FLVPlayback 组件控制视频文件的播放。

6.5.7　任务拓展

1. 任务描述

迷人的景色要能反复欣赏，精彩的镜头要能定格仔细观察，可对视频快进快退，更能调整视频音量。最终效果如图 6-62 所示。

图 6-62 “黄山风光”效果图（1）

采取“使用回放组件加载外部视频”方式导入视频，实际上仅添加了对视频文件的引用。运行时，视频文件才从计算机的磁盘驱动器中加载到 SWF 文件中，这使 SWF 可以保持较小的文件大小。而且，FLV 或 F4V 视频文件和 Flash 文档的帧频可以设置为不同的速率。因此，这是在 Flash 中使用视频的常见方法。

采取这种方法，将会创建 FLVPlayback 组件的实例，轻松地为用户创建直观的用于控制视频播放的视频控件，包括播放、停止、暂停和音量调整等功能。

2．任务分析

采取“使用回放组件加载外部视频”方式导入视频，将会创建 FLVPlayback 组件的实例以控制视频播放。

3．操作提示

（1）选择【文件】→【导入】→【导入视频】命令，并通过“使用回放组件加载外部视频”选项，导入视频文件“风光片 .flv”。并选择视频外观为“SteelOverAll.swf”，如图 6-63 所示。

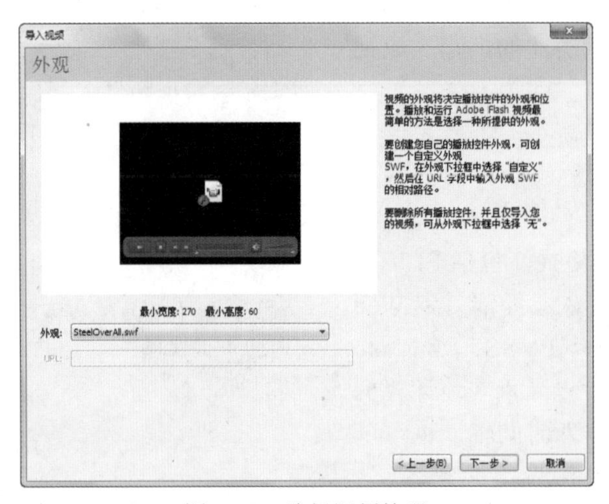

图 6-63 选择视频外观

（2）选中舞台上的“FLVPlayback”实例，如图 6-64 所示。打开“属性”面板，对组件参数进行配置，如图 6-65 所示。

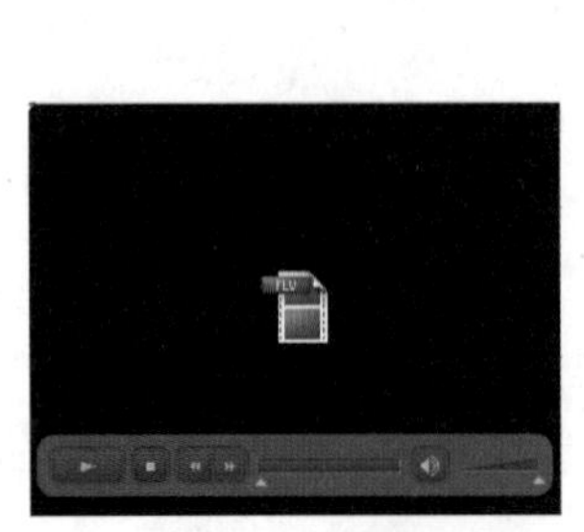

图 6-64 FLVPlayback 实例

属性

SWF

<实例名称>

实例: FLVPlayback

▷ 位置和大小

▽ 组件参数

属性	值
autoPlay	☑
autoRewind	☑
autoSize	☐
bufferTime	0.1
contentPath	风光片.flv
cuePoints	无
isLive	☐
maintainAspectRatio	☐
skin	SteelOverAl...
skinAutoHide	☑
totalTime	0
version_1_0_2	
volume	100

图 6-65 FLVPlayback 实例属性

小提示

除非要更改视频外观的显示效果，否则无需更改 FLVPlayback 组件中的设置。多数情况下，“导入视频”向导足以满足大部分部署的配置参数的需求。

常用参数的含义如下：

（1）autoPlay：如果设为 true，则视频在加载后立即播放。如果设为 false，则在加载第一帧后暂停。

（2）autoRewind：如果设为 true，则当播放头到达末尾或用户单击停止按钮时，FLVPlayback 组件自动将视频后退到开始处。如果设为 false，则该组件不自动后退视频。

（3）autoSize：如果设为 true，则在运行时将组件的大小调整为使用源视频尺寸。

（4）contentPath：用于指定 FLV、F4V 的 URL。

（5）maintainAspectRatio：如果设为 true，则调整视频播放器的大小，以保持源视频的高宽比。

（6）skin：用于打开“选择外观”对话框并允许用户选择组件的外观。

（7）skinAutoHide：如果设为 true，则鼠标不在视频上时，隐藏包含回放控件的组件外观。此属性只影响通过设置 skin 属性加载的外观。

6.5.8 自主创作

1. 任务描述

导入一段视频，用自己喜欢的音乐替换原有的背景音乐和解说，并适当增加字幕。最终效果如图 6-66 所示。

图 6-66 “黄山风光”效果图（2）

2. 任务要求

（1）将视频文件“风光片 .flv”嵌入影片剪辑的时间轴。导入视频文件时不包括音频。

（2）使用 MP3 文件“02.mp3”作为背景音乐，并循环播放。

（3）在包含视频的影片剪辑中新建“字幕”图层，并在恰当的帧上添加相应的文字。

虽然在 Flash 文档中仅可以导入特定的视频格式，但用户可以在导入视频前或导入视频的过程中，使用 Flash CS5 自带的视频转换组件 Adobe Media Encoder 将其他视频格式转换为 FLV 或 F4V 格式，利用该组件还可以对视频编码进行详细设置，以及裁剪视频或选择需要导入的视频片段。

项目 7 实现简单交互控制

在网络中，我们经常遇到许多 Flash 影片，可以响应用户的键盘或鼠标操作，实现动画播放中的各种控制，如停止、退出、选择、填空、控制音乐、链接网页、玩游戏等。这些都可以通过对影片的交互控制来实现。

交互动画是指在动画作品播放时支持事件响应和交互功能的一种动画。也就是说，动画播放时可以接受某种控制。这种控制可以是动画播放者的某种操作，也可以是在动画制作时预先准备的操作。这种交互性提供了观众参与和控制动画播放内容的手段，使观众由被动接受变为主动选择。观看者可以用鼠标或键盘对动画的播放进行控制。

学习目标

（1）理解 ActionScript 2.0 的基本概念，熟悉 ActionScript 2.0 的基本语法。

（2）掌握简单交互动画的设计方法，学会使用“动作”面板、“行为”面板实现简单交互控制。

（3）初步了解和使用 ActionScript 3.0。

任务 7.1 影片播放控制——影片控制随心动

7.1.1 任务描述

“卷轴动画”是项目 5 中制作的例子，在此基础上增加“展开”和“卷起”控制功能，如图 7-1 所示。单击“展开”按钮，卷轴自动展开，按钮更改为“卷起”；单击“卷起”按钮，卷轴自动合上，按钮更改为“展开”。

ActionScript 是一种完全面向对象的编程语言，功能强大，类库丰富，语法类似于 JavaScript，多用于 Flash 互动性、娱乐性、实用性开发，网页制作和 RIA 应用程序开发。目前最新版本是 3.0。

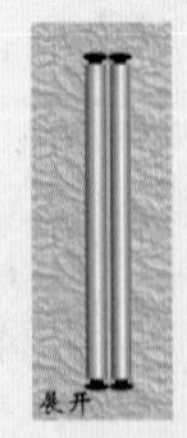

图 7-1 “卷轴动画控制”效果图

7.1.2 任务目标

（1）理解 ActionScript 2.0 的基本概念，熟悉 ActionScript 2.0 的基本语法。

（2）掌握时间轴控制、影片剪辑控制和键盘控制的基本方法。

7.1.3 任务分析

（1）使用遮罩动画，实现卷轴的展开和卷起。

（2）在时间轴所需帧上添加“展开”和“卷起”按钮。

（3）为相关帧和按钮添加动作，实现交互。

7.1.4 任务准备

探索：了解动作面板

（1）使用类型“ActionScript 2.0”新建一个 Flash 文档，并制作一个圆形元件滚动的动画效果。

（2）新建一个图层，命名为“按钮”。创建一个按钮元件，放置在该层的第 1 帧上。

（3）新建一个图层，命名为“动作”。选中该层的第 1 帧，按下 F9 键，打开“动作”面板。双击“动作工具箱”中“全局函数”→“时间轴控制”项目下的“stop”，将其插入到“脚本窗格”中。如图 7-2 所示。

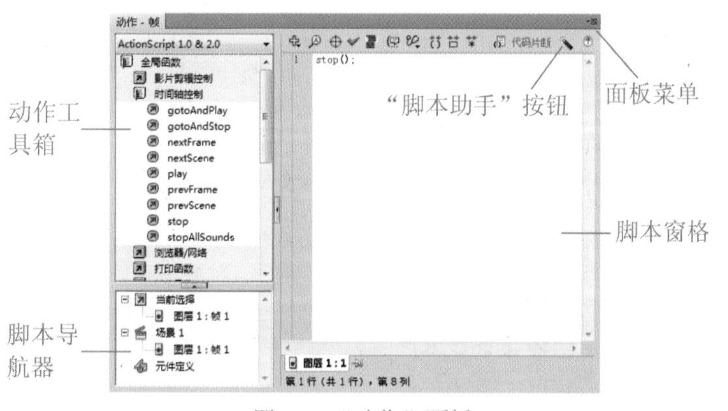

图 7-2 “动作”面板

（1）ActionScript 2.0 和 ActionScript 3.0 彼此互不兼容。对于创建的每个 FLA 文件，只能选择其中一个版本。

（2）选择【窗口】→【动作】命令，或者在帧上右击，从快捷菜单中选择【动作】命令，都可以打开“动作”面板。

（3）Flash 动画所具有的交互性都是由 ActionScript 命令实现的，这些命令就是我们所说的 Flash 动作。“动作”面板就是进行 ActionScript 编程的专用环境。

（4）“动作工具箱”中按项目分类，还提供按字母顺序排列的索引。

（5）要将 ActionScript 元素插入到“脚本窗格”中，既可以在“动作工具箱”中双击该元素，也可以直接将它拖动到“脚本窗格”中，还可以在“脚本窗格”中直接输入代码。

（4）关闭“动作”面板，观察时间轴上“动作”图层的第1帧，如图7-3所示。

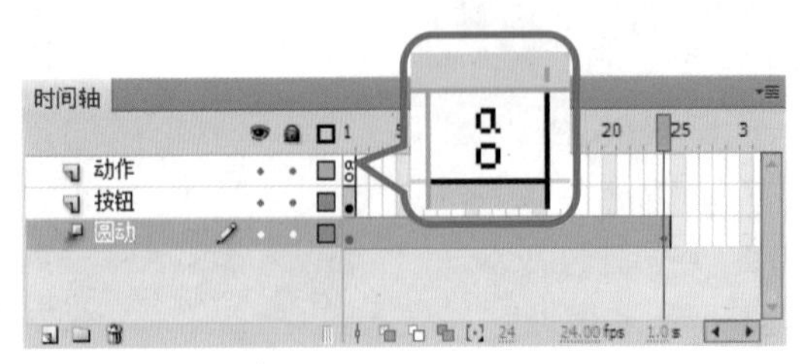

图7-3 “动作”图层的第1帧

（5）右击舞台上的按钮实例，在快捷菜单中选择【动作】命令，打开“动作”面板，并观察“脚本导航器”。

（6）通过“脚本助手”按钮切换到“脚本助手”模式，双击“动作工具箱”中“全局函数”→“时间轴控制”项目下的“play”，将其插入到“脚本窗格”中，如图7-4所示。

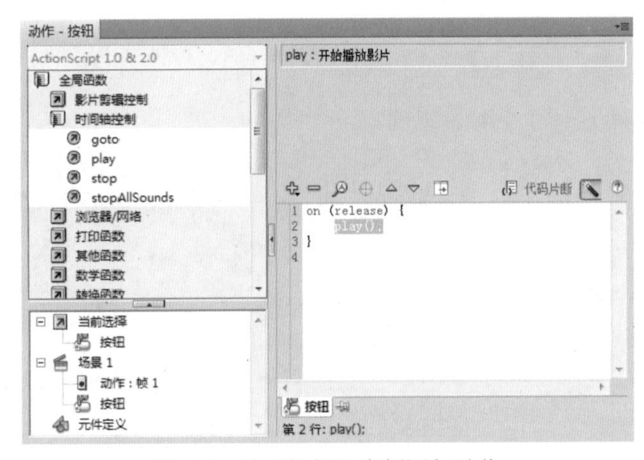

图7-4 为“按钮”实例添加动作

（7）关闭“动作”面板，测试影片，并观察测试结果。

7.1.5 任务实施

（1）新建Flash文档，设置脚本类型为“ActionScript 2.0”，舞台大小为800像素×400像素，帧频为12。

（2）使用遮罩动画，制作卷轴的展开和卷起效果。时间轴如图7-5所示，其中第1～30帧实现卷轴展开，第30～60帧实现卷轴卷起。

（6）为关键帧添加动作脚本之后，该帧上就会出现一个小写字母“a”。“a”是帧动作标志，表明在该帧上添加了动作。

（7）“脚本导航器”中显示了Flash文档中所有添加了动作脚本的对象和当前正在编辑的脚本对象。

（8）通过“脚本助手”按钮可以切换到“脚本助手”模式。在该模式下，可以帮助初学者避免可能出现的语法或逻辑错误，有助于初学者更轻松地编写代码。

在“脚本助手”模式下，单击某个项目，面板右上方会显示该项目的描述。双击某个项目，该项目就会被添加到“动作”面板的“脚本窗格”中。在“脚本窗格”中选择语句后，相关参数选项会显示在“脚本窗格”上方，供用户选择。

小辞典

动作是Flash影片在播放时执行某些操作的语句。每行语句都以分号“;”结束。

常用的“时间轴控制函数”有：

（1）gotoAndPlay：跳转到影片指定的帧并播放。

例如：

跳转到时间轴第5帧后开始播放：gotoAndPlay(5)；

（2）gotoAndStop：跳转到影片指定的帧并停止。

例如：

跳转到时间轴第30帧后停止播放：gotoAndStop(30)；

（3）play：开始播放影片。

（4）stop：停止播放影片。

（5）stopAllSounds：停止播放所有声音。

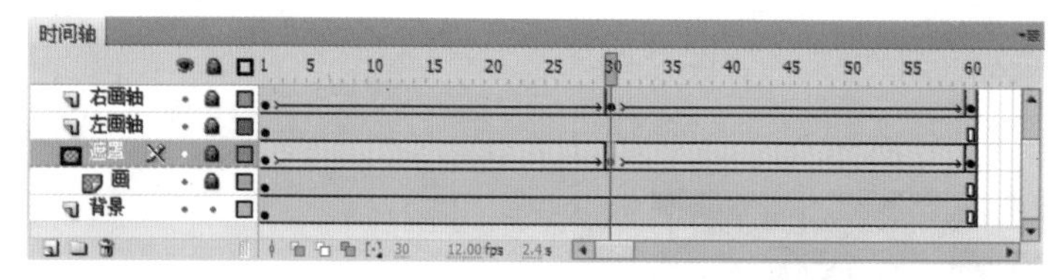

图 7-5　使用遮罩动画制作卷轴效果

（3）新建图层，命名为“动作”。在该层的第 1 帧和第 30 帧插入空白关键帧，并为这两个空白关键帧均添加动作“stop( );”。

（4）制作“展开”、“卷起”按钮。

（5）新建图层，命名为“按钮”，并在该层的第 1 帧和第 30 帧插入空白关键帧。将“展开”按钮放置到第 1 帧中，“卷起”按钮放置到第 30 帧中。

为两个按钮均添加如下动作：

```
on (release) {
play( );
}
```

（6）本任务制作完成，最终的时间轴如图 7-6 所示。

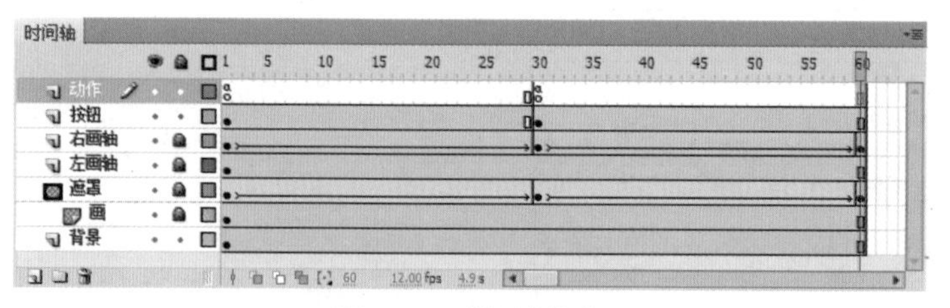

图 7-6　时间轴状态

（7）保存并测试影片，实现预期的交互效果。

7.1.6　任务小结

play 和 stop 语句分别用于控制动画的播放和停止，是 Flash 中控制动画时最基本的命令。通常，play 用于创建“开始”或“播放”按钮，stop 用于创建“停止”或“暂停”按钮。

7.1.7　任务拓展

1．任务描述

7 个小人站成一排，跃跃欲试。鼠标指到谁，谁就能

小辞典

on( )：添加在按钮元件上，通过鼠标事件或按键触发该函数中包含的内容。

release 表示在按钮上单击并释放鼠标。

小提示

在“脚本助手”模式下，可以看到“on( )”语句响应的事件有多种，包括：

事件	对应关键字
按	press
释放	release
外部释放	releaseOutside
滑过	rollOver
滑离	rollOut
拖过	dragOver
拖离	dragOut
按键	keyPress ""

腾空跳跃。跳跃过程中，按下鼠标左键，小人能在空中定格。松开鼠标左键，小人继续完成跳跃动作。如图 7-7 所示。

图 7-7 “跳跃小人”效果图

2．任务分析

小人的原地站立和跳跃动作分别使用两个影片剪辑元件实现。随着鼠标事件的不同，影片剪辑元件进行不同的动作响应。可以编写脚本代码对影片剪辑元件进行控制，以实现相应功能。

3．操作提示

（1）新建 Flash 文档，设置脚本类型为“ActionScript 2.0”，舞台大小为 550 像素 ×200 像素，背景颜色为 #666666，帧频为 24。

小技巧

GIF 文件导入库中所生成的影片剪辑元件，其内部一般是逐帧动画的形式。可以使用“编辑多个帧”功能，将各帧上的所有图像选中后进行分离，再使用“魔术棒”工具将其背景选中后，逐一删除。

（2）将素材中的“站立 .gif”和“跳跃 .gif”两个文件导入库中，自动生成的对应影片剪辑元件重命名为“站立”和“跳跃”，并将元件内部每一帧内图像的白色背景删除。

（3）新建影片剪辑元件，命名为“小人动作”。该元件内创建 4 个图层，分别命名为“站立”、“跳跃”、“按钮”和“动作”。

（4）将“站立”和“跳跃”元件分别放置到对应图层中，设置两个实例的对齐方式为“水平居中”和“底对齐”，如图 7-8 所示。并通过“属性”面板，将两个实例的“实例名称”分别设置为“zl”和“ty”，如图 7-9 所示。

小提示

若要用 ActionScript 来控制实例，则应为每个实例提供一个唯一的名称。实例名称可以通过“属性”面板进行设置。

图 7-8 对齐两元件

实例名称

图 7-9 设置实例名称

（5）新建一个按钮元件，命名为“透明按钮”。只在“点击”帧上绘制一个矩形，其余帧为空白。将该元件放置到“按钮”图层中，调整实例大小，使其恰好覆盖小人。

（6）在“动作”图层的第1帧上添加如下动作：

```
ty._visible=false;                // 设置“跳跃”实例不可见
zl._visible=true;                 // 设置“站立”实例可见
```

（7）为“透明按钮”实例添加如下动作：

```
// 鼠标指针指向按钮时
on (rollOver) {
   zl._visible=false;
   ty._visible=true;
   ty.play();
}

// 鼠标指针在按钮上按下左键时
on (press) {
   if(ty._visible){
     ty.stop();
     }
}

// 鼠标指针在按钮上释放左键时
on (release) {
   if (ty._visible){
     ty.play();
     }
}
```

（8）进入“跳跃”元件的编辑状态，为其第1帧添加如下动作：

```
stop();
```

为其最后1帧添加如下动作：

```
_parent.zl._visible=true;
_parent.ty._visible=false;
```

（9）返回主场景，将“小人动作”元件在舞台上复制7份，排列整齐，如图7-10所示。

图7-10　排列“小人动作”元件

（1）注释可用来解释和说明语句的作用，其本身是不被执行的。以“//”开始的注释是单行注释，到当前行末尾结束。另一种是多行注释，以“/*”开头，以“*/”结束。

（2）“.”用于表示对象或者影片剪辑元件的相关属性、方法、路径、变量、函数等。

（3）“_visible”属性表示影片剪辑等对象是否可见。true表示对象可见，false表示对象隐藏。

（4）语句“ty.play( );”的作用是播放影片剪辑ty的时间轴。“ty.stop( );”的作用是停止影片剪辑ty的时间轴。

（5）if语句是最基本的条件判断语句。其基本格式是：

```
if ( 条件 ) {
语句块
}
```

其作用是当条件为true时，顺序执行语句块中的相应语句。如果条件为false，则跳过大括号内的语句，并运行大括号后面的语句。

“_parent”表示当前影片剪辑的父影片剪辑。

（10）保存文档，测试影片。

7.1.8　自主创作

1．任务描述

按下键盘上的光标键“↑”，小人做跳跃动作。按下光标键“↓”，小人做下蹲动作，如图 7-11 所示。

图 7-11　使用键盘控制小人动作

2．任务要求

（1）导入素材中的“站立 .gif”、“蹲下 .gif” 和 “跳跃 .gif” 三个图片文件，并去除相应元件中的背景。

（2）将三个元件放置到舞台上，同时选取三个元件，设置对齐方式为“水平居中”、“底对齐”，将实例分别命名为“zl”、“dx”、“ty”。影片刚刚播放时，只有“站立”元件可见。主场景第 1 帧应添加以下动作：

```
zl._visible=true;
dx._visible=false;
ty._visible=false;
```

（3）制作透明按钮，放置到舞台之外。对该按钮添加如下动作，以响应键盘上光标键“↓”、“↑”的按下。

```
// 按下光标键“↓”
on (keyPress "<Down>") {
        zl._visible=false;
        dx._visible=true;
        ty._visible=false;
        dx.play();
}
// 按下光标键“↑”
on (keyPress " <Up> " ) {
        zl._visible=false;
        dx._visible=false;
```

小技巧

在 ActionScript 2.0 中，按钮可以响应“按键”事件。只要制作透明按钮，放置在舞台外面，并对其添加响应“按键”事件的动作即可。

小辞典

ActionScript 中，基本的语法规则如下：

（1）点语法。

例如：

“zl._visible”表示影片剪辑“zl”的“_visible”属性。

（2）大括号“{}”。用来放置结合在一起依次执行的语句块。

（3）小括号“()”。用来放置函数的参数。一个函数的任何参数都必须放置在小括号内。

（4）分号“;”。表明语句的结束。

（5）大小写字母。在 ActionScript 中，必须区分字母的大小写。例如：“ty”与“Ty”代表了两个对象。

（6）关键字。ActionScript 保留了一些单词，这些单词不能作为变量、函数等的名字。在编写脚本的过程中，关键字会以蓝色突出显示。

```
        ty._visible=true;
        ty.play();
    }
```

（4）按下光标键“↓”、“↑”后，“蹲下”和“跳跃”对应的影片剪辑才开始播放。这两个影片剪辑内部的第 1 帧处应添加动作：

```
    stop();
```

“蹲下”和“跳跃”动作完成后，二者所对应的实例应变为不可见，同时“站立”所对应的实例可见。这两个影片剪辑内部的最后 1 帧处应添加动作：

```
    _root.zl._visible=true;
    _root.dx._visible=false;
    _root.ty._visible=false;
```

小提示

“_root”表示当前影片的主场景时间轴。

任务 7.2　应用行为——简简单单做交互

7.2.1　任务描述

为任务 7.1 中的“卷轴动画”增加更换背景功能。单击按钮“背景 1”、“背景 2”、“背景 3”、“背景 4”、“背景 5”，即可选择对应的图片作为“卷轴动画”的背景，如图 7-12 所示。

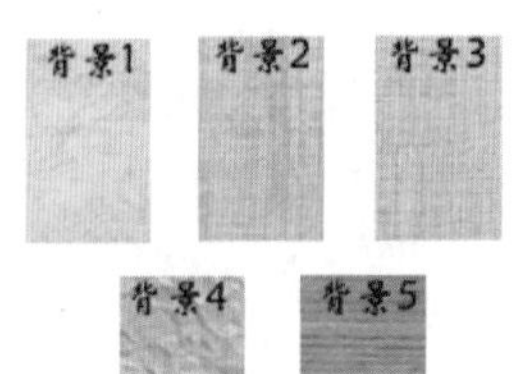

图 7-12　为“卷轴动画”更换背景

7.2.2　任务目标

了解“行为”的作用，学会使用“行为”实现常用的影片交互。

7.2.3　任务分析

（1）打开任务 7.1 中制作的“卷轴动画”。

（2）创建“背景”影片剪辑元件，并将其放置于背景图层上。

（3）创建 5 个按钮元件，并为其添加“行为”，实现交互。

7.2.4 任务准备

探索：了解行为面板

（1）使用类型“ActionScript 2.0”新建一个 Flash 文档，并创建一个按钮元件放置于舞台之上。

（2）选中时间轴上的第 1 帧，按下组合键“Shift+F3”，打开“行为”面板，进行观察、尝试。单击按钮元件，“行为”面板会有所变化，进行观察、尝试，如图 7-13 所示。

（a）

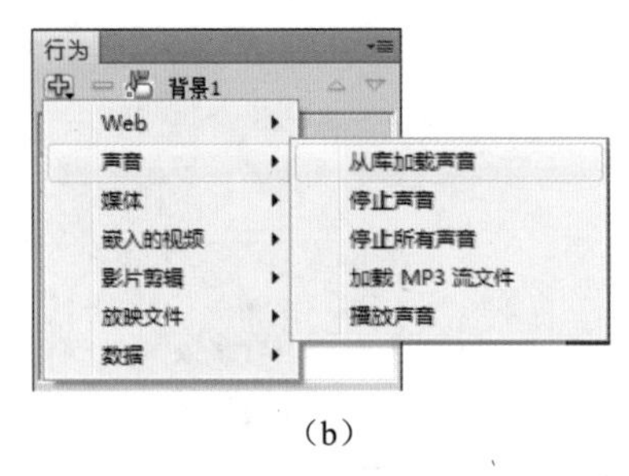

（b）

图 7-13　选中“帧”或“按钮”后的“行为”面板

（1）选择【窗口】→【行为】命令，同样可以打开“行为”面板。

（2）在文档中选择一个触发对象（帧、按钮或影片剪辑等），单击“行为”面板上的“添加行为”按钮，并选择所需行为后，该行为就添加到了对象中，“动作”面板中也会显示相应代码。

（3）在“行为”面板中，选择已经添加的某个行为，单击“删除行为”按钮，该行为即可被删除。

7.2.5 任务实施

（1）打开任务 7.1 中制作完成的“卷轴动画”。

（2）新建影片剪辑元件，命名为“背景”。导入背景图片，将其位置设置为“X：0.00　Y：0.00”。

（3）将影片剪辑元件“背景”放置于“背景”图层，“实例名称”命名为“bj”，在舞台上的位置设置为“X：0.00　Y：0.00”，如图 7-14 所示。

图 7-14　为“背景”实例命名

建立“背景”影片剪辑元件，是为了在下一步通过“行为”将图像加载到该影片剪辑当中。

（4）制作“背景 1”、“背景 2”、“背景 3”、“背景 4”和“背景 5”5 个按钮。

（5）新建图层，命名为“背景按钮”，并将“背景 1”、“背景 2”、“背景 3”、“背景 4”和“背景 5”5 个按钮放置于该层的第 1 帧中。

（6）选中“背景 1”按钮，打开“行为”面板。单击“添加行为”按钮，选择【影片剪辑】→【加载图像】命令，弹出“加载图像”对话框。输入要加载图片文件的路径“image\1.png”（“image”子文件夹和影片文件在同一个文件夹中），选择将该图像载入到“bj”实例中，如图 7-15 所示。单击“确定”按钮，该行为成功添加到按钮“背景 1”之上。“行为”面板如图 7-16 所示。查看按钮“背景 1”的动作，可以看到已经添加了相应的动作代码，如图 7-17 所示。

小技巧

加载的图片文件应与影片文档放在同一文件夹中。输入要加载图片文件的路径时，应使用相对路径。

图 7-15 “加载图像”对话框

图 7-16 “行为”面板

图 7-17 “动作”面板

小提示

查看“动作”面板，可以看到，为影片剪辑加载图像是通过函数“loadMovie()”实现的。通过该函数可以将 SWF、JPEG 或 PGN 等文件加载到影片剪辑当中。

（7）依次为“背景 2”等 4 个按钮添加相应的行为。

（8）本任务制作完成，最终的时间轴如图 7-18 所示。

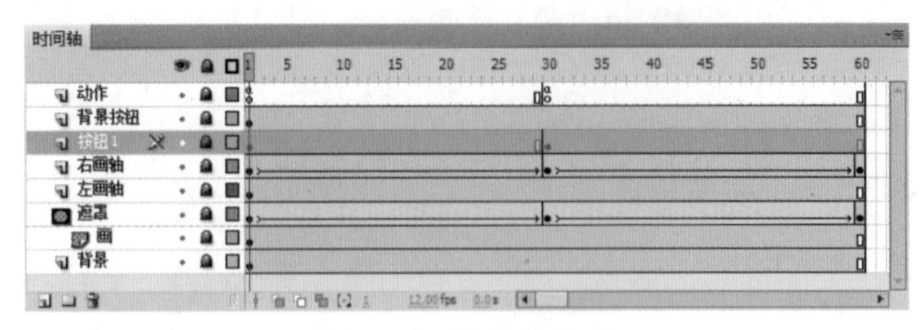

图 7-18　时间轴状态

（9）保存并测试影片，实现预期的交互效果。

7.2.6　任务小结

行为是预先编写的“动作脚本”，它可以将动作脚本编码的强大功能、控制能力和灵活性添加到 Flash 文档中，而不必自己创建动作脚本代码。行为提供的功能有：帧导航、加载外部 SWF 文件和 JPEG 文件、控制影片剪辑的堆叠顺序，以及影片剪辑拖动等。

小提示

行为提供了避免编写脚本的便捷途径，但行为仅对 ActionScript 2.0 及更早版本可用。

7.2.7　任务拓展

1．任务描述

为“卷轴动画”增加背景音乐切换功能。单击单选按钮“音乐 1”、“音乐 2”、“音乐 3”，可设置不同的背景音乐，如图 7-19 所示。

图 7-19　为“卷轴动画”切换背景音乐

2．任务分析

使用 Flash CS5 提供的“组件”制作单选按钮，并为每一个选项添加行为，加载相应的 MP3 音乐。

3．操作提示

（1）打开上一任务制作的“卷轴动画”。新建图层“音乐切换”。

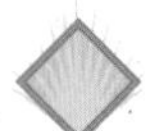
小辞典

“组件”是带有参数的电影剪辑，这些参数可以用来修改组件的外观和行为。有了“组件”，用户不必创建自定义按钮、组合框和列表等，也无需编写 ActionScript，只要将这些组件从“组件”面板拖到 Flash 文档中，即可为 Flash 文档添加相应功能。组件被添加后，通过其“属性”面板即可直接设置组件参数。

（2）按下组合键“Ctrl+F7”，打开“组件”面板，如图 7-20 所示。将“User Interface”中的“RadioButton”拖入“音乐切换”图层的第 1 帧中，并复制两份。

（3）选中舞台上的“Radio Button”实例，打开其“属性”面板，如图 7-21 所示。按表 7-1 分别进行参数设置。

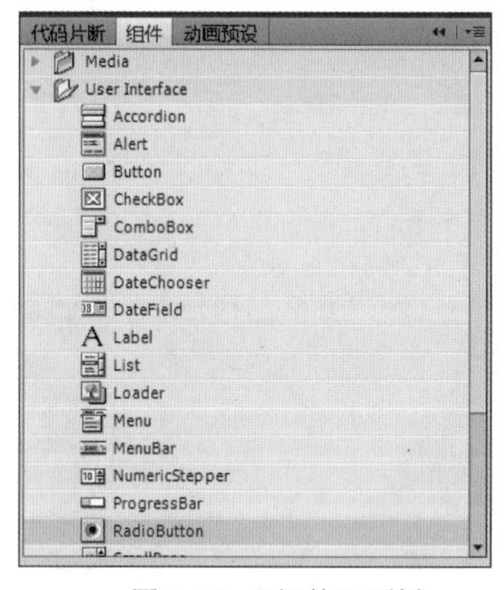

图 7-20 “组件”面板

图 7-21 设置组件参数

表 7-1 “Radio Button”实例的组件参数

参数＼按钮	音乐 1	音乐 2	音乐 3
groupName	music	music	music
label	音乐 1	音乐 2	音乐 3
selected	不勾选	不勾选	不勾选

小提示

RadioButton 组件为单选按钮。其常用参数如下：

groupName：设置单选按钮所在的组名称。

label：设置按钮的文本。

selected：将单选按钮的初始值设置为“被选中”或“取消选中”。一个组内只能有一个单选按钮可以设置为“被选中”。

（4）为单选按钮“音乐 1”添加行为“停止所有声音”和“加载 MP3 流文件”。添加行为“加载 MP3 流文件”时，需要输入要加载的 MP3 文件的路径，并为其设置实例名称，如图 7-22 所示。

（5）依次为单选按钮“音乐 2”、“音乐 3”添加相应的行为。添加后，“行为”面板如图 7-23 所示。

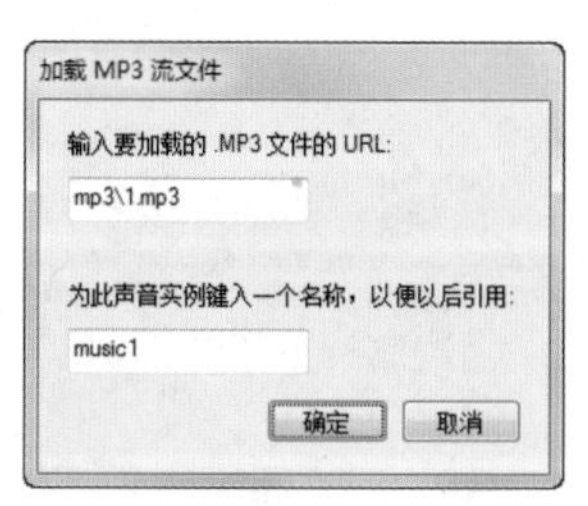

图 7-22 “加载 MP3 流文件”对话框

图 7-23 “行为”面板

小技巧

为一个对象添加了两个或两个以上“行为”的，如需改变其先后次序，可以在选中该“行为”后，单击“上移”按钮或“下移”按钮。

（6）保存文档，测试影片。

7.2.8 自主创作

1．任务描述

为任务 6.5 中嵌入的视频增加控制按钮，如图 7-24 所示。

图 7-24 控制导入时间轴的视频

2．任务要求

（1）使用“行为”实现本任务的相应功能。

（2）影片播放时，视频处于“停止”状态。

（3）单击相应的按钮，可以实现视频的播放、暂停与停止功能。

小提示

（1）通过“行为”，可以对嵌入的视频添加“停止”、“播放”、“显示”、“暂停”和“隐藏”等动作。

（2）为嵌入的视频添加“行为”前，需要为其设置实例名称。

任务 7.3 ActionScript 3.0 入门——挑战自我

7.3.1 任务描述

在生活中，经常会用到“密码键盘”。本任务模拟了密码的设置过程，如图 7-25 所示。设置时，分两次输入密码并进行比对。如果不一致，给予错误提示；如果一致，则显示输入的密码。

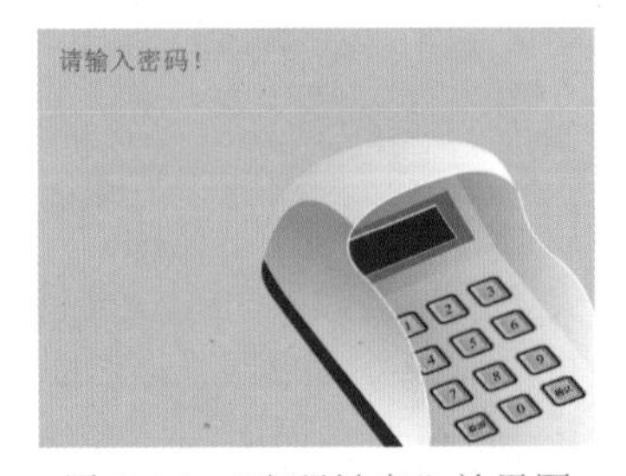

图 7-25 “密码键盘”效果图

小辞典

ActionScript 3.0 中包含了许多类似于 ActionScript 1.0 和 2.0 的类和功能。但是，ActionScript 3.0 在架构和概念上与早期的 ActionScript 版本不同。它旨在方便创建拥有大型数据集和面向对象的可重用代码库的高度复杂应用程序，其脚本编写功能要优于 ActionScript 的早期版本。与旧的 ActionScript 代码相比，ActionScript 3.0 代码的执行速度可以快 10 倍。

7.3.2　任务目标

（1）初步了解和使用 ActionScript 3.0，学会使用“动作”面板编写 ActionScript 3.0 代码。

（2）了解面向对象的编程方法，熟悉 ActionScript 3.0 的编程思路。

7.3.3　任务分析

（1）创建图形元件，制作“密码键盘”元件。

（2）在舞台上添加动态文本框，用以显示提示信息。

（3）使用“动作”面板添加动作，实现交互。

7.3.4　任务准备

探索：了解 ActionScript 3.0

（1）打开 7.1.4 中制作的 Flash 文档，通过【文件】→【发布设置】命令，打开“发布设置”对话框，将脚本版本修改为“ActionScript 3.0”。

（2）测试影片，观察测试结果。

（3）打开“动作”面板，如图 7-26 所示。观察 ActionScript 3.0 动作面板和 ActionScript 2.0 动作面板的相同之处与不同之处。

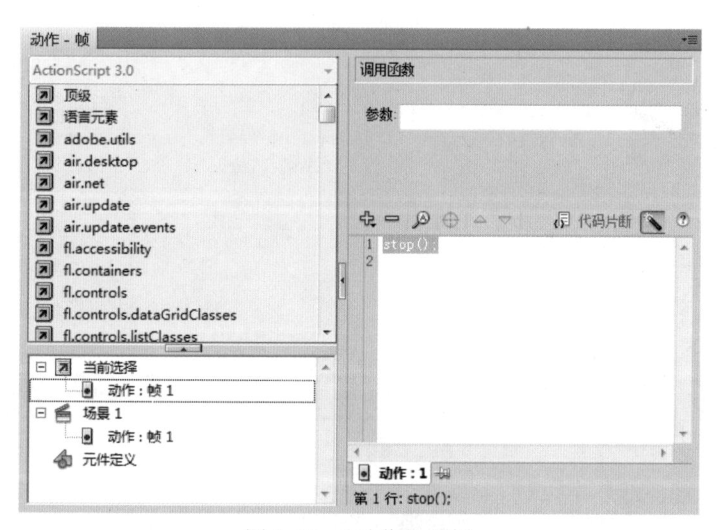

图 7-26　“动作”面板

目前的 ActionScript 包含了多个版本，以满足各类开发人员和播放硬件的需要。

ActionScript 3.0 的执行速度极快。但它要求开发人员对面向对象的编程概念有更深入的了解。ActionScript 3.0 完全符合 ECMAScript 规范，提供了更出色的 XML 处理、一个改进的事件模型以及一个用于处理屏幕元素的改进的体系结构。使用 ActionScript 3.0 的 FLA 文件不能包含 ActionScript 的早期版本。

ActionScript 2.0 比 3.0 更容易学习。尽管其运行速度比 ActionScript 3.0 慢，但 ActionScript 2.0 对于许多计算量不大的项目仍然十分有用。

ActionScript 1.0 是最简单的 ActionScript，仍为 Flash Lite Player 的一些版本所使用。ActionScript 1.0 和 2.0 可共存于同一个 FLA 文件中。

（4）清空“按钮”元件中的原有代码，尝试通过“动作”面板为其添加新的脚本，观察操作结果。

（5）设置“按钮”的实例名称为“an”。通过“动作”面板，在“动作”图层的第1帧中添加如下代码。测试影片，观察测试结果。

```
stop();
an.addEventListener(MouseEvent.CLICK,anas);
function anas(event:MouseEvent):void
{
    play();
}
```

（6）打开“行为”面板，并尝试添加行为，观察操作结果。

7.3.5　任务实施

（1）新建Flash文档，设置脚本类型为“ActionScript 3.0”，舞台大小为550像素×400像素，帧频为24。

（2）创建图形元件，绘制密码键盘，如图7-27所示。密码键盘上的按键为“0”～“9”、“确认”和“取消”，使用按钮元件实现。实例名称分别为“a1”～“a9”、“aqr”和“aqx”。绘制完成后，将该元件拖入主场景中。

图7-27　绘制密码键盘

（3）返回主场景，新建图层，命名为“提示文字”。在舞台上方创建“动态文本”或只读的“TLF文本”，实例名称为“ts”。

（4）新建图层，命名为“动作”。选中第1帧，添加如下动作代码：

```
/* 定义变量并初始化
   pwtext：按下数字键后，存放输入的密码
   pw1：存放第1次输入的密码
```

小辞典

事件和事件处理是面向对象编程的基础。与早期版本相比，ActionScript 3.0中只存在一种事件处理模型，使结构更加清晰，更加标准，更符合面向对象开发的需要。

在ActionScript 3.0中，只能使用addEventListener()方法注册事件的侦听器。添加事件侦听器的过程分为两步。

首先，创建一个为响应事件而执行的函数或类方法。例如：任务准备中的“anas”函数。第二步，使用源对象的addEventListener()方法，为指定事件调用该函数，以便当该事件发生时，执行该函数的动作。例如：“an.addEventListener(MouseEvent.CLICK,anas)”表示，单击按钮“an”时，执行“anas”函数。

小技巧

密码键盘上的按键可以使用公用库中的按钮。选择“classic buttons”项目下“key Buttons”中的按钮，修改文本内容即可。

小辞典

Flash CS5中，增加新的文本引擎TLF（Text Layout Framework），用于向FLA文件添加文本。TLF支持更丰富的文本布局功能和对文本属性的精细控制。与以前的文本引擎（即传统文本）相比，TLF文本可加强对文本的控制。包括“只读”、“可选”和“可编辑”三种类型。

```
  pw2：存放第 2 次输入的密码
  aj：记录按键的名称
  n：记录输入密码的次数
  tstext：存放提示信息文字
*/
var pwtext:String = " ";
var pw1:String = " ";
var pw2:String = " ";
var aj:String = " ";
var n:int = 0;
var tstext:String = "请输入密码！ ";

// 将提示信息显示在 ts 文本框中
ts.text = tstext;

// 单击相应按钮后调用对应函数
a1.addEventListener(MouseEvent.CLICK,aas);
a2.addEventListener(MouseEvent.CLICK,aas);
a3.addEventListener(MouseEvent.CLICK,aas);
a4.addEventListener(MouseEvent.CLICK,aas);
a5.addEventListener(MouseEvent.CLICK,aas);
a6.addEventListener(MouseEvent.CLICK,aas);
a7.addEventListener(MouseEvent.CLICK,aas);
a8.addEventListener(MouseEvent.CLICK,aas);
a9.addEventListener(MouseEvent.CLICK,aas);
a0.addEventListener(MouseEvent.CLICK,aas);
aqx.addEventListener(MouseEvent.CLICK,aqxas);
aqr.addEventListener(MouseEvent.CLICK,aqras);

// 按下“0”—“9”按钮
function aas(event:MouseEvent):void
{
  aj = event.target.name;
  pwtext = pwtext + aj.substr(1,1);
}

// 按下“取消”按钮
function aqxas(event:MouseEvent):void
{
  pwtext = " ";
  tstext = "请输入密码！ ";
  ts.text = tstext;
}

// 按下“确认”按钮
```

小辞典

变量可以用来存储程序中使用的值。变量的值在脚本运行期间是可以改变的。

在 ActionScript 3.0 中，一个变量使用之前，必须使用关键字“var”语句对其进行声明，并且必须在声明变量时为它指定数据类型。常用的数据类型有：

（1）String：字符串。

（2）Number：任何数值，包括整数、无符号整数和浮点数。

（3）Int：整数。

（4）Boolean：逻辑值，包括 true 或 false。

小辞典

除“CLICK”以外，常用的鼠标事件还包括：

DOUBLE_CLICK
MOUSE_DOWN
MOUSE_MOVE
MOUSE_OUT
MOUSE_OVER
MOUSE_UP
MOUSE_WHEEL
ROLL_OUT
ROLL_OVER
MOUSE_LEAVE

小辞典

函数是执行特定任务并可以在程序中重复使用的代码块。在 ActionScript 3.0 中可通过函数语句定义函数。

函数语句以关键字“function”开头，后跟函数名、用小括号括起来的参数列表以及用大括号括起来的函数体（即在调用函数时要执行的 ActionScript 代码）。

```
function aqras(event:MouseEvent):void
{
   if (pwtext.length != 6)
    {
     tstext = " 密码位数错误，请核实后重新输入！ " ;
     ts.text = tstext;
     pwtext = " " ;
     n = 0;
    }
   else
    {
        if (n == 0)
          {
          pw1 = pwtext;
          pwtext = " " ;
          tstext = " 请再次输入密码！ " ;
          ts.text = tstext;
          n = 1;
      }
   else
    {
     pw2 = pwtext;
     if (pw1 != pw2)
        {
          tstext = " 两次密码不一致，请核实后重新输入！ " ;
          ts.text = tstext;
          n = 0;
        }
          else
        {
          tstext = " 你输入的密码是： " + pwtext;
          ts.text = tstext;
          pwtext = " " ;
          n = 0;
        }
      }
   }
}
```

（5）保存并测试影片，实现预期的交互效果。

7.3.6 任务小结

与早期版本相比，ActionScript 3.0 不再支持 on(event) 语法，因此无法再将事件代码直接添加到按钮或影片剪辑等实

小辞典

语句“else”用于指定当“if”语句中的条件返回 false 时要运行的语句。其用法为：

```
if ( 条件 )
{
  语句块
}
else
{
  语句块
}
```

例上。可以使用事件侦听器“侦听”代码中的事件对象。无论何时编写事件侦听器代码，都会采用以下基本结构：

```
function eventResponse(eventObject:EventType):void
{
    // Actions performed in response to the event go here.
}

eventTarget.addEventListener(EventType.EVENT_NAME, eventResponse);
```

7.3.7 任务拓展

1．任务描述

使用 ActionScript 3.0，制作“卷轴动画”效果，如图 7-28 所示。

图 7-28 “卷轴动画”效果图

2．任务分析

本任务所实现的基本效果与前面所完成的“卷轴动画”相似，但由于 ActionScript 3.0 与 ActionScript 2.0 有着很大的区别，所以需要重新编写脚本代码。

3．操作提示

（1）Flash 文档的脚本类型为“ActionScript 3.0”，舞台大小为 800 像素 ×400 像素，帧频为 12。

（2）使用遮罩动画，实现卷轴的展开和卷起效果。创建相应的按钮元件和单选按钮，并对舞台上的实例命名。“展开”和“卷起”按钮放在同一帧上，在舞台上的位置保持一致。

（3）新建图层，命名为“动作”。在该层第 1 帧中，添加如下动作代码：

```
import flash.media.SoundMixer;
var loader:Loader = new Loader();
var path1,path2:String
```

小提示

在一个 Flash 文档中，ActionScript 3.0 和 ActionScript 2.0 不能混合使用，ActionScript 3.0 也不能访问 ActionScript 2.0 创建的内部变量或函数。

小辞典

使用 ActionScript 3.0 时，“RadioButton”组件的属性有所增加。

enabled：是否可用。

visible：是否可见。

```
stop();
zk.visible = true;
jq.visible = false;
zk.addEventListener(MouseEvent.CLICK,zkjqas);
jq.addEventListener(MouseEvent.CLICK,zkjqas);
function zkjqas(event:MouseEvent):void
{
    play();
    if (zk.visible)
    {
        stage.addEventListener(Event.ENTER_FRAME,tz);
    }
}
function tz(event)
{
    if (currentFrame == 30)
    {
        stop();
        zk.visible = false;
        jq.visible = true;
        stage.removeEventListener(Event.ENTER_FRAME,tz);
    }
}
bj1.addEventListener(MouseEvent.CLICK,bjas);
bj2.addEventListener(MouseEvent.CLICK,bjas);
bj3.addEventListener(MouseEvent.CLICK,bjas);
bj4.addEventListener(MouseEvent.CLICK,bjas);
bj5.addEventListener(MouseEvent.CLICK,bjas);
yy1.addEventListener(MouseEvent.CLICK,yyas);
yy2.addEventListener(MouseEvent.CLICK,yyas);
yy3.addEventListener(MouseEvent.CLICK,yyas);
function bjas(event:MouseEvent):void
{
    path1="image/"+event.target.name.substr(2,1)+ ".png"
    loader.load(new URLRequest(path1));
    bj.addChild(loader);
}
function yyas(event:MouseEvent):void
{
    SoundMixer.stopAll();
    var s:Sound = new Sound();
    path2="mp3/"+event.target.name.substr(2,1)+ ".mp3"
    s.load(new URLRequest(path2));
    s.play();
}
```

小提示

（1）如果希望在脚本中使用声音，则必须使用“import”语句导入“flash.media.SoundMixer”类。

（2）Loader 用来代替 ActionScript 早期版本中影片剪辑的 loadMovie() 功能，可用于加载外部的图像、SWF 等文件。

（3）在 ActionScript 2.0 中，是用以下划线开头的变量名来标识相应属性的。例如 _visible。但在 ActionScript 3.0 中，不再使用下划线开头。

（4）“stage”表示舞台。“ENTER_FRAME”表示以帧频不断触发脚本。

（5）“tz”函数的功能是，如果当前帧是第 30 帧，则停止时间轴播放。并使“展开”按钮不可见，“卷起”按钮可见。

小提示

“bjas”函数的功能是，将外部图像文件加载到影片剪辑“bj”当中。

“yyas”函数的功能是，停止现有音乐的播放，并将新的外部音乐文件加载到影片当中进行播放。

（4）保存文档，测试影片。

7.3.8 自主创作

1．任务描述

日期和时间，始终跟随着鼠标指针的移动而移动。当鼠标指针移出舞台之外以后，日期和时间也随之消失，如图 7-29 所示。

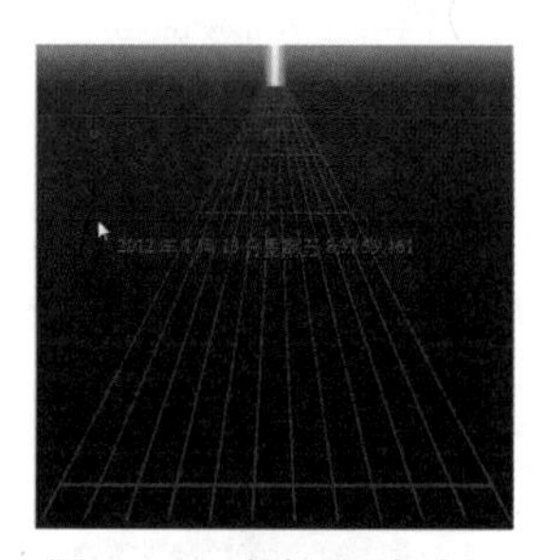

图 7-29 鼠标跟随效果

2．任务要求

（1）使用动态文本或 TLF 文本显示日期和时间。

（2）使用 ActionScript 3.0 编写代码，实现鼠标跟随效果。参考代码如下：

```
txt.x = stage.mouseX + 15;
txt.y = stage.mouseY + 15;

stage.addEventListener(MouseEvent.MOUSE_MOVE, moveMouse);
function moveMouse(Event:MouseEvent):void
{
   txt.visible = true;
   txt.x = stage.mouseX + 15;
   txt.y = stage.mouseY + 15;
}

stage.addEventListener(Event.MOUSE_LEAVE, MouseLeave);
function MouseLeave(Event):void
{
   txt.visible = false;
}

stage.addEventListener(Event.ENTER_FRAME,gettime);
function gettime(Event)
{
   var mydate:Date = new Date();
```

小提示

“txt” 为动态文本或 TLF 文本的实例名称。

“mouseX” 是指鼠标的 X 轴坐标，“mouseY” 是指鼠标的 Y 轴坐标。它们的值都会随着鼠标在屏幕上的位置移动而变化。

```
var year:int;
var month:int;
var date:int;
var week:int;
var hour:int;
var minute:int;
var second:int;
var millisecond:int;
var arr:Array = new Array(" 日 "," 一 "," 二 "," 三 "," 四 "," 五 ",
" 六 ");
year = mydate.fullYear;
month = mydate.month + 1;
date = mydate.date;
week = mydate.day;
hour = mydate.hours;
minute = mydate.minutes;
second = mydate.seconds;
millisecond = mydate.milliseconds;
txt.text = year+" 年 "+month+" 月 "+date+" 日 "+" 星 期 "
+arr[week] +hour + ": " + minute + ": " + second + ". " + millisecond;
}
```

小辞典

日期和时间是 ActionScript 程序中常见的一种信息类型。在 ActionScript 3.0 中，所有日历日期和时间管理函数都集中在顶级 Date 类中。用户可以通过以下方式来调用 Date 类：

var mydate:Date = new Date();

随后，用户就可以使用 Date 类的属性或方法从 Date 对象中提取各种时间单位的值。下面的每个属性都提供了 Date 对象中的一个时间单位的值：

fullYear：按照本地时间返回完整的年份值。

month：按照本地时间返回月份值，分别以 0 ～ 11 表示一月到十二月。

date：按照本地时间返回月中某一天的日历数字，范围为 1 ～ 31。

day：按照本地时间返回一周中的某一天，其中 0 表示星期日。

hours：按照本地时间返回一天中的小时值，范围为 0 ～ 23。

minutes：按照本地时间返回分钟值，范围为 0 ～ 59。

seconds：按照本地时间返回秒值，范围为 0 ～ 59。

milliseconds：按照本地时间返回毫秒数，范围为 0 ～ 999。

项目 8

综合应用

我们可以运用 Flash 的多种动画及动作等将文字、图像、动画、视频、音乐、音效等数字资源通过编程整合在一个交互式的整体作品中，使其以图文并茂、生动活泼的动态形式表现出来，给人以强大的视觉冲击力。

任务 8.1　片头制作——“茶”片头

片头是影片开场时的一个引导页面，是在短时间内对某一项目内容的浓缩与概括，使受众对主体内容一目了然。

8.1.1　片头制作相关知识

Flash 片头，多用于企业或某一产品的宣传，也用于网站或多媒体光盘前。它是用来诠释整体内容，浓缩企业文化的一段简短的多媒体动画作品。它具有简练、精彩的特性。

片头的种类有很多，我们常见的有网站片头、电影片头、游戏片头等。一段优秀的 Flash 片头设计，代表了一个可以移动的品牌形象，可以运用在企业对外宣传片、行业展会现场、产品发布会现场、项目洽谈演示文档，甚至企业内部酒会等。

片头制作一般步骤：

（1）前期策划。先要构思好，明确主题，即要确定如何表达、相关的信息（活动名称、主办单位、宗旨等）、主题色等。

（2）搜集素材。搜集要用的图片、视频等素材，依照表达方式选择一个比较贴切的音乐。

（3）动画制作、编辑场景。先导入所需的声音和图片素材，制作所需的形状和影片剪辑元件，再将所有元素编辑到动画场景中。

（4）调试、发布。

片头制作几点注意事项：

（1）制作片头的过程中要注意一些线条的应用，通过线条的移动，可以增加片头的动感和科技性。可以多运用闪光、过光、模糊等动画效果，加强视觉冲击力，吸引观赏者。片头的场景可以不断转换，运用不同内容和形式进行展示。

（2）色彩要应用恰当，每一种色彩都可以代表一种主题，有时甚至颜色就能代表整个品牌。每个作品中色彩的运用要统一中有变化。

（3）作品中通过文字的运用点明主题，展示内容。不同的字体也能代表不同的风格。在片头中也可以插几个英文单词或字母，能起到“万绿丛中一点红”的点缀效果。

（4）简单运用 ActionScript 实现交互。

（5）画面要充满舞台，图片素材注意像素，局部处理要细致，把握好总体速度。

8.1.2 综合实例：“茶”片头

中国是茶的故乡，中华茶文化源远流长，博大精深，不但包含物质文化层面，还包含深厚的精神文明层次。本例运用补间动画、遮罩动画和引导层动画制作一个简单的宣传中华“茶”的片头，如图 8-1 所示。

图 8-1 片头效果图

8.1.3 制作过程

（1）新建一个 Flash 文档，设置舞台大小为 550 像素 × 400 像素；将图层 1 命名为“背景”。选取矩形工具，笔触颜色为无，填充色为线性渐变，左端色块为 #004D04，右端色块为 #C9E069，画一个矩形作为背景，如图 8-2 所示。

（2）选择【插入】→【新建元件】命令，建立影片剪辑元件“茶杯”，设置填充色为黑色，用刷子工具画出杯子的线条，如图 8-3 所示。

图 8-2 绘制背景

图 8-3 绘制“杯子”

（3）在第 2 帧插入关键帧，使用橡皮擦工具，将杯子按照笔画相反的顺序，倒退着将线条擦除一小段，接着在第 3 帧起，每插入关键帧一次，擦一次，每次擦去多少决定画出的快慢，如图 8-4 所示。

（4）选择【插入】→【新建元件】命令，建立图形元件“茶叶”，用铅笔工具，笔触颜色设置 #66FF66，画出叶子的线条。填充色设置 #006600，使用颜料桶工具填充内部，如图 8-5 所示。

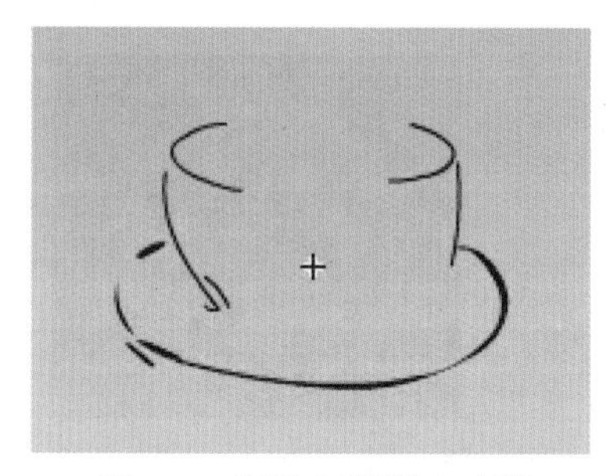

图 8-4　制作杯子画出动画

图 8-5　绘制茶叶

（5）选择【插入】→【新建元件】命令，建立图形元件“矩形”，第 1 帧用矩形工具画一个任意色略细的矩形，第 50 帧插入关键帧，调整矩形大小，如图 8-6 所示，选择第 1 帧右击，弹出快捷菜单，执行【创建补间形状】命令。

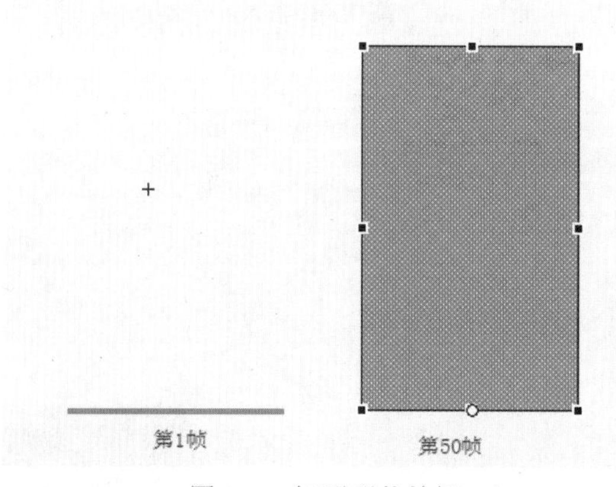

图 8-6　矩形形状补间

（6）选择【插入】→【新建元件】命令，建立图形元件“叶片展开”，打开“库”面板，在第 1 帧插入元件“茶叶”，第 50 帧按 F5 键插入帧。新建图层 2，在第 1 帧插入元件“矩形”，选中图层，右击，弹出快捷菜单，选择【遮罩层】命令，将图层 1 拖向图层 2，成为被遮罩层，调整“矩形”的角度，使其与叶片的角度一致。第 50 帧按 F5 键插入帧。

（7）选择【插入】→【新建元件】命令，建立影片剪辑元件“汽”，使用铅笔工具，在第 1 帧、第 80 帧、第 140 帧分别绘制如图 8-7 所示图形，填充为白色，且透明度依次设置为 40%、20%、0。选择 1 到 140 帧右击，创建补间形状动画。

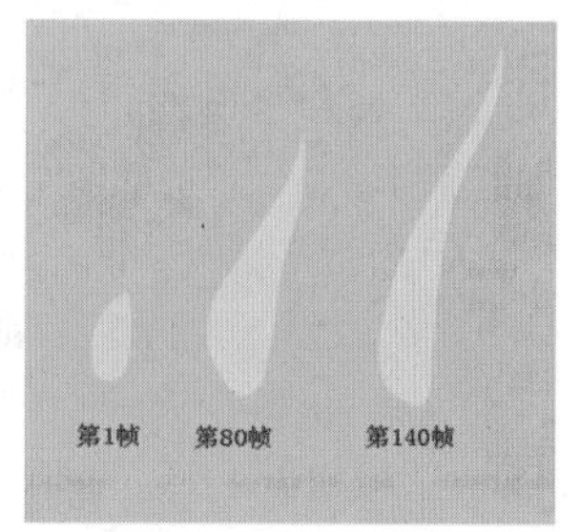

图 8-7　绘制水汽

（8）选择【插入】→【新建元件】命令，建立影片剪辑元件“双环”，使用椭圆工具，笔触颜色设置为黄色，填充色设置为“无”，按住 Shift 键，绘制一正圆。选择圆，右击，弹出快捷菜单，执行【转化为元件】命令，转化为影片剪辑元件，命名为“圆”。打开“属性”面板，在“滤镜”中添加“发光”，如图 8-8 所示设置。复制“圆”，调整位置，如图 8-9 所示。

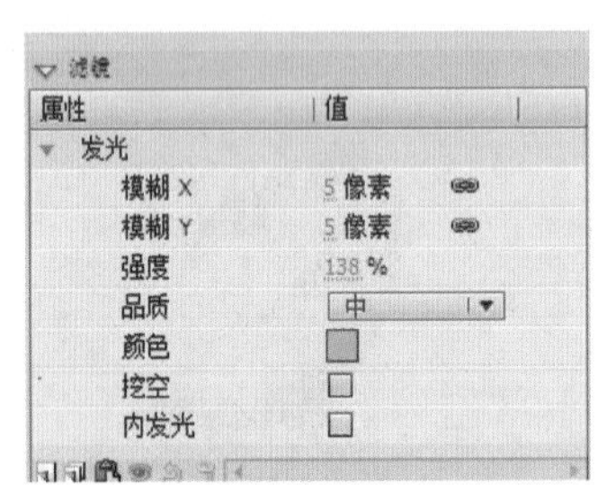

图 8-8　圆环的发光设置

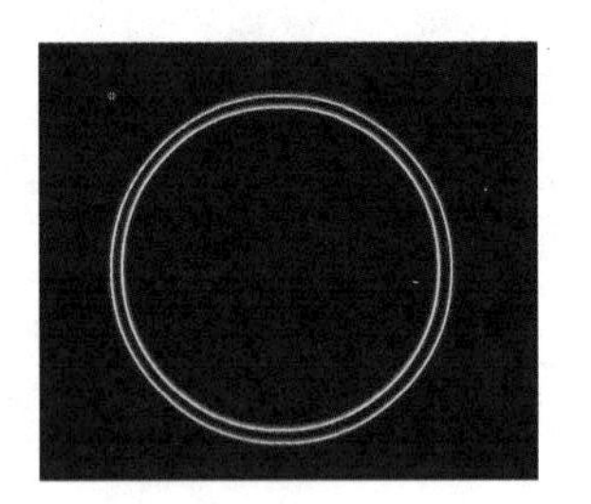
图 8-9　复制双圆

（9）切换到“场景”，插入图层 2，命名“茶杯”；打开“库”面板，将库中的元件“茶杯”拖入图层 2，调整大小、位置。选中场景中“茶杯”，打开“属性”面板，设置“循环”为“播放一次”，如图 8-10 所示，第 380 帧按 F5 键插入帧。

（10）插入图层，命名“水汽”，在第 120 帧插入关键帧，打开“库”面板，将库中的元件“汽”拖入三次，调整位置，如图 8-11 所示，第 380 帧按 F5 键插入帧。

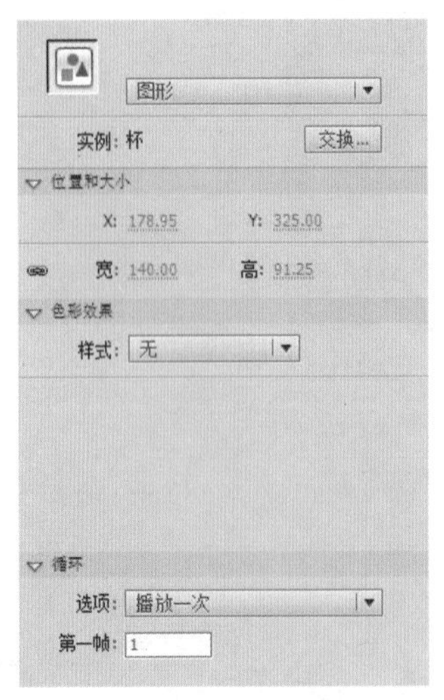

图 8-10　设置元件“茶杯”属性

图 8-11　制作茶杯中水汽升起的动画

（11）插入图层，命名“叶 1”，在第 160 帧插入关键帧，打开“库”面板，将库中的元件“叶片展开”拖入场景，调整大小、位置，选中场景中“叶”，打开“属性”面板，设置“循环”为“播放一次”，如图 8-12 所示，第 380 帧按 F5 键插入帧。

（12）插入图层，命名“叶 2”，在第 200 帧插入关键帧，打开“库”面板，将库中的元件“叶片展开”拖入场景，调整大小、位置，选中场景中“叶”，打开“属性”面板，设置“循环”为“播

放一次”，如图 8-13 所示，第 380 帧按 F5 键插入帧。

图 8-12　插入叶片 1

图 8-13　插入叶片 2

（13）插入图层，命名“环”，在第 220 帧插入关键帧，打开“库”面板，将库中的元件“双环”拖入场景，调整大小、位置，第 260 帧插入关键帧，单击第 220 帧，选择“双环”，打开“属性”面板，设置 Alpha 值为 0。选中 220 帧，右击，弹出快捷菜单，选择【创建补间形状】命令，第 380 帧按 F5 键插入帧。

（14）插入图层，命名“文字”，在第 220 帧插入关键帧，使用文本工具，输入“茶”，选中文字，打开“属性”面板，字体设置为华文行楷，字号为 96，文字颜色为 #27661E；使用任意变形工具，调整大小、位置。选择“茶”字，按组合键“Ctrl+B”，分离为形状，笔触颜色设置为黄色，使用墨水瓶工具在文字上描边。选择文字内的填充部分，按 F8 键，转化为影片剪辑元件“文字”，选择文字边线，按 F8 键，转化为图形元件“文字”边线，如图 8-14 所示。

（15）使用移动工具将文字和边线全部选中，右击，弹出快捷菜单，选择【分散到图层】命令，选择“文字”和“文字边线”图层的第 1 帧，移动到第 220 帧，如图 8-15 所示。

图 8-14　制作文字层

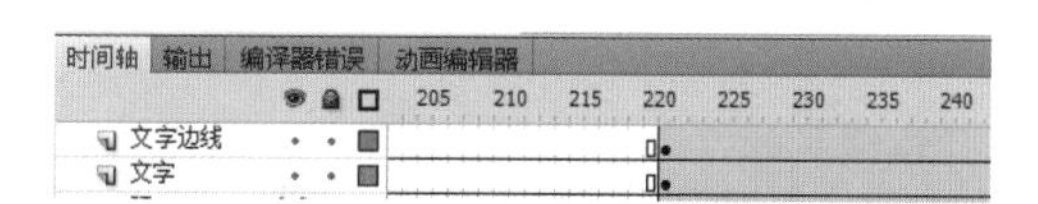

图 8-15　文字和边线分散到两个图层

（16）选择图层“文字”第 300 帧插入关键帧，单击第 220 帧，选择“文字”，打开“属性”面板，设置色调值为“#FFCC00”。第 250 帧插入关键帧，选中 250 帧，右击，弹出快捷菜单，选择【创建传统补间】命令，第 380 帧按 F5 键插入帧，如图 8-16 所示。

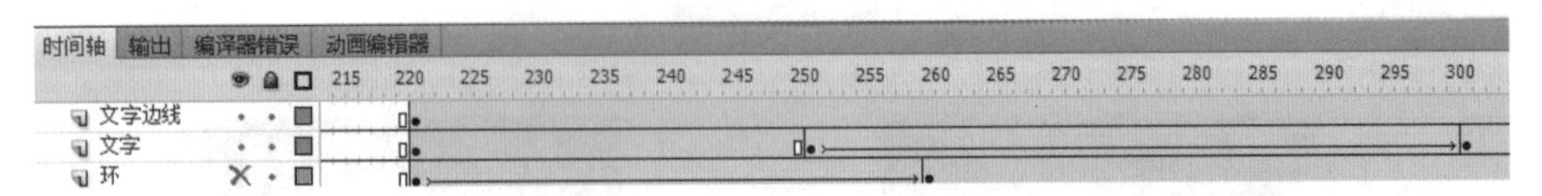

图 8-16　创建文字颜色渐变动画

（17）插入图层，命名“水滴”，在第 220 帧插入关键帧，使用铅笔工具绘制水滴外形，设置填充为放射状填充，左端色块为 #A5C050、透明度为 62%，中间色块为 #FFFFFF、透明度为 100%，右端色块为 #FFFFFF、透明度为 65%，使用颜料桶工具在水滴内部单击。按 F8 键，转化为图形元件“水滴”，如图 8-17 所示。

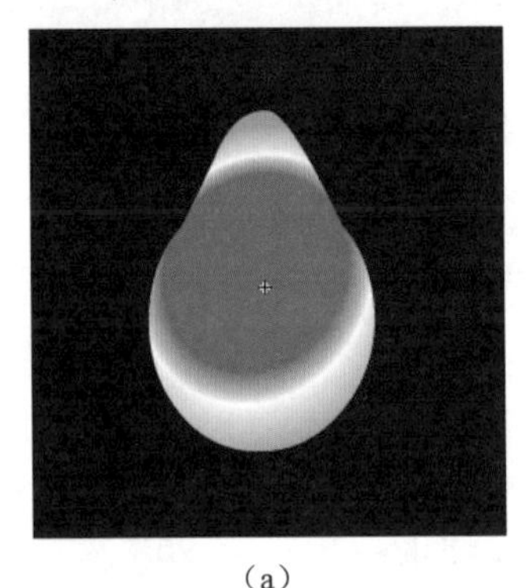

（a）

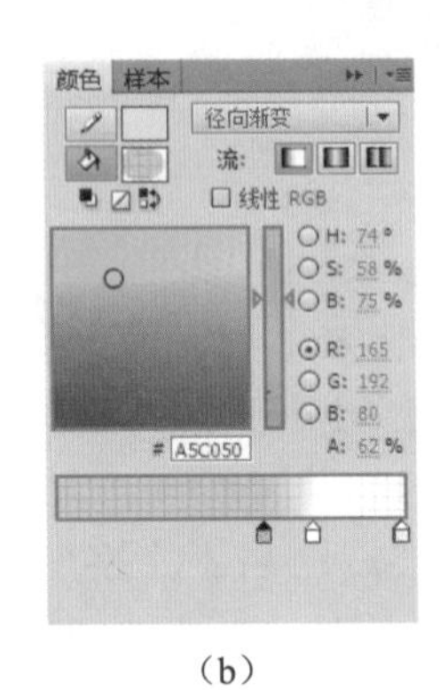

（b）

图 8-17　绘制水滴

（18）分别在第 250、251、280、281、300 帧插入关键帧，选中 220 到 300 帧，右击，弹出快捷菜单，执行【创建传统补间】命令，第 301 帧插入空白关键帧。

（19）插入引导图层，命名“字边”，在第 220 帧插入关键帧，选择图层“文字边线”第 220 帧，右击，弹出快捷菜单，执行【复制帧】命令，选择“字边”图层第 220 帧，右击，弹出快捷菜单，执行【粘贴帧】命令，文字边线为引导水滴的路径。将图层“水滴”上各关键帧的元件位置调整到文字的边的每一段上，如图 8-18 所示。

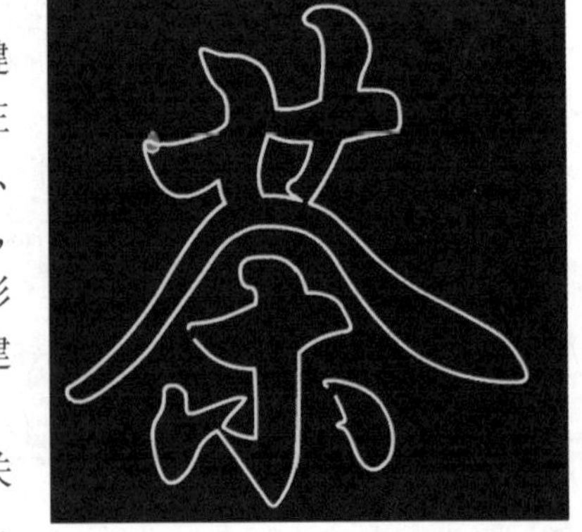

图 8-18　水滴引导动画制作

（20）插入图层，命名“扫光”，在第 300 帧插入关键帧，选择矩形工具，设置无笔触颜色、填充为线性填充，左端色块为 #FFFFFF、透明度为 100%，右端色块为 #FFFFFF、透明度为 25%，绘制细长的矩形；选择绘制的矩形按 F8 键，转化为图形元件“矩形”。在第 350 帧插入关键帧，调整矩形的位置，选择第 300 帧，右击，弹出快捷菜单，选择【创建传统补间】命令。

（21）插入图层，命名“文字遮罩”，在第 300 帧插入关键帧，选择图层“文字”第 220 帧，右击，弹出快捷菜单，执行【复制帧】命令，选择“文字遮罩”图层第 300 帧，右击，弹出快捷菜单，执行【粘贴帧】命令，选择“文字遮罩”图层，右击，弹出快捷菜单，执行【遮罩层】命令，如图 8-19 所示。

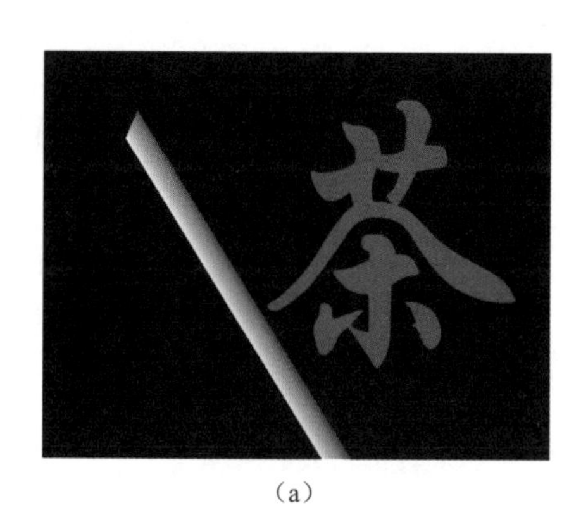

（a）

（b）

图 8-19　文字扫光效果

（22）保存为“茶 .fla”，并测试，如图 8-20 所示。

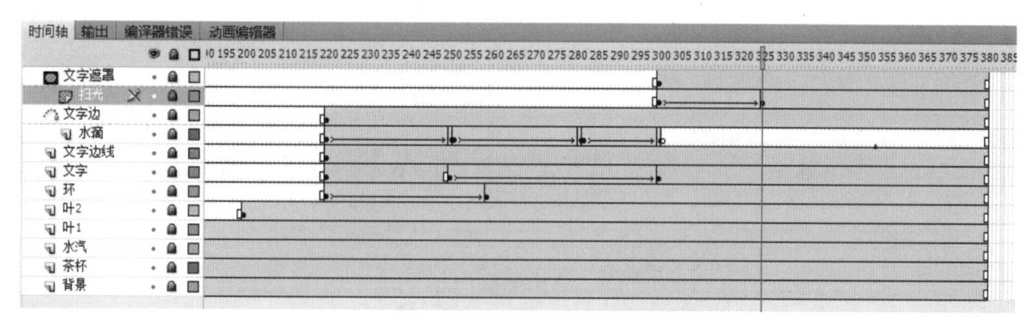

图 8-20　“茶”的图层结构

任务 8.2　课件制作——《江雪》课件

课件（Courseware）是把用计算机应用软件制作的文字、声音、图像、视频剪辑等多媒体信息，用大屏幕投影的方式，辅助各科教学的现代化程序性教具。

8.2.1　课件制作相关知识

Flash 课件是根据教学目的、教学内容、教学策略、教学顺序、控制方法，用 Flash 软件将图、文、声、像、视频等多种信息合成，制作出具有交互方式的，有助于教者“教”或学者“学”的 Flash 作品。

基于 Flash 工具开发的课件，表现形式多样，内容丰富，应用面广，学习效果佳。用 Flash 做课件动感好、交互性强，文件小、便于携带、交流，传输快、不易出错。Windows 自带 Flash 播放插件，可嵌入网页。Flash 还可以直接导入 MPG、AVI 等格式视频。Flash 文件 SWF 打包成可执行文件（EXE 文件）后可独立运行，不需要任何软件平台的支持，因此在教学中使用方便，操作性极强。

课件制作一般步骤：

（1）编写课件的脚本，脚本定义了课件的各个元素的格式和展现形式。

（2）素材准备，把“脚本”规定的素材准备好，包括文字、图片、音频、视频、动画等。之后，根据规划，准备好所需要的素材。

（3）以“脚本”为蓝本制作课件。一个课件，一般可分为封面、主页、分页。然后，草拟课件的结构，从整体上把握课件的各个栏目。

（4）课件测试。包括按钮跳转是否准确，文字校验是否正确，以及图形、音频、视频等是否按脚本而达到预期的效果。另外，还要对课件是否符合自身的运行环境做出测试。

（5）课件发布打包，根据课件的使用环境，对课件进行发布或打包。

8.2.2 综合实例：《江雪》课件

《江雪》是初中八年级语文中的一首古诗，现根据教学要求制作一个课件。课件中包含配乐朗诵、作者介绍、字词讲解、诗句赏析、课后练习几个部分，如图 8-21 所示。学生通过课件可以生动有趣地学习本课内容。

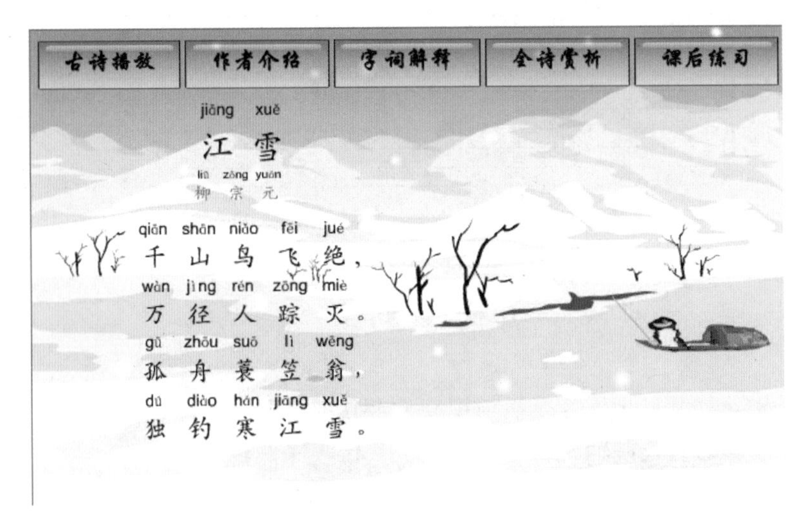

图 8-21 《江雪》课件效果图

8.2.3 制作过程

（1）新建一个 Flash 文档，设置舞台大小为 650 像素 × 400 像素。将图层 1 命名为“背景”，选择【文件】→【导入】→【导入到库】命令，导入“雪景 .jpg”、“《江雪》朗诵 .mp3”、“汉宫秋月 .mp3”。在第一帧，打开“库”面板，插入“雪景”图片，如图 8-22 所示。

（2）选择【插入】→【新建元件】命令，命名为“渔翁”，选取类型为“图形”，使用画笔工具，绘制小船和渔翁，如图 8-23 所示。

图 8-22　导入背景图片

图 8-23　绘制“渔翁”

（3）选择【插入】→【新建元件】命令，命名为“鱼竿”，选取类型为“图形”。使用矩形工具，填充色设置为 #FAC115，线条无，绘制鱼竿。选择【插入】→【新建元件】命令，命名为“竿动”，选取类型为“影片剪辑”。在第 1 帧，打开“库”面板，插入鱼竿，调整位置，在第 40 帧插入关键帧，使用任意变形工具，将中心点调整鱼竿到鱼竿下部，旋转调整到如图 8-24 所示位置，选择第 1 帧，右击，弹出快捷菜单，执行【创建传统补间】命令。

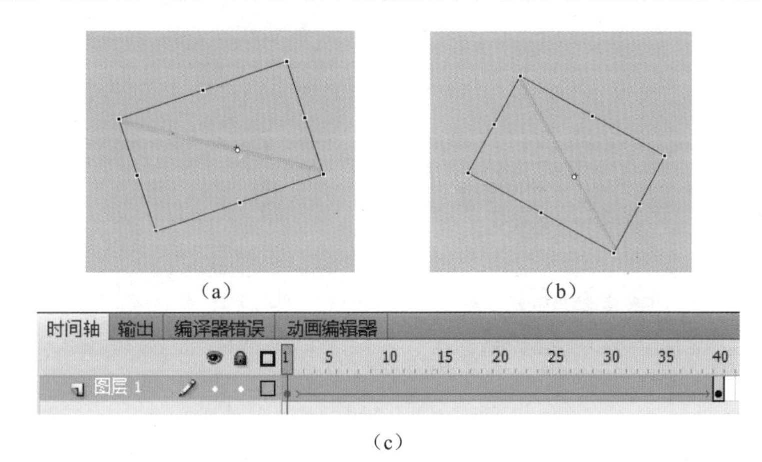

图 8-24　制作“竿动”影片剪辑“竿动”影片剪辑的第 1 帧和第 40 帧

（4）选择【插入】→【新建元件】命令，命名为“按钮背景”，选取类型为“图形”，使用矩形工具绘制按钮背景，如图 8-25 所示。

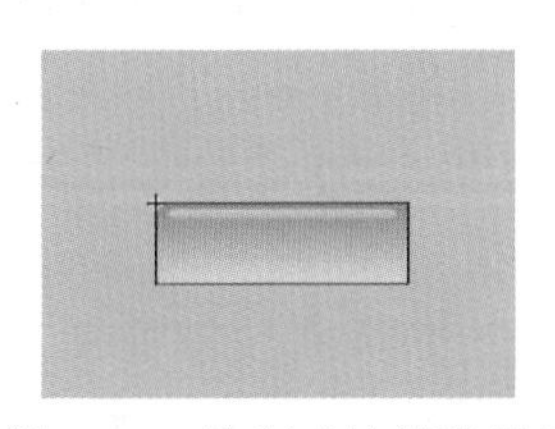
图 8-25　绘制“按钮背景”

（5）选择【插入】→【新建元件】命令，命名为“配乐朗诵”，选取类型为“按钮”，图层 1 命名“背景”。打开“库”，在“弹起”帧，插入“按钮背景”，在“按下”帧，将“属性”面板的样式中将按钮背景的亮度调整到 50%。新建图层，命名“文字”，使用文本工具，输入“配乐朗诵”，在“点击”帧按 F5 键。以此方法分别制作出“作者介绍”、“字词解释”、“诗句赏析”、“课后练习”，如图 8-26 所示。

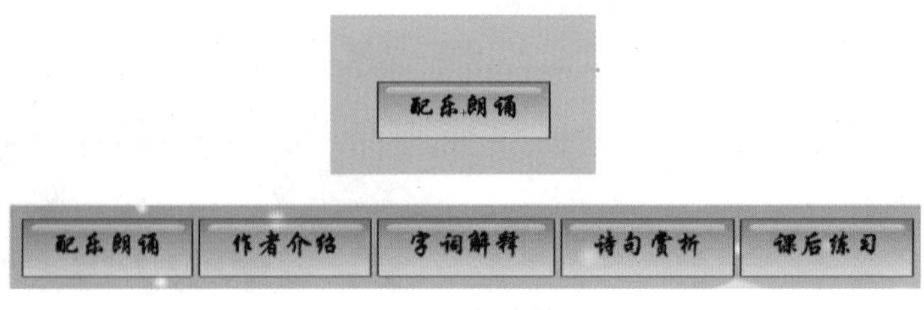

图 8-26 制作按钮

（6）选择【插入】→【新建元件】命令，命名为“标题”，选取类型为“图形”。使用文本工具输入“江雪”，字体设置为楷体，颜色为黑色，在文字上方输入文字的拼音，字体设置为 Arial。以此方法分别制作“柳宗元”、“第一句”、“第二句”、“第三句”、“第四句”。总共六个元件，如图 8-27 所示。

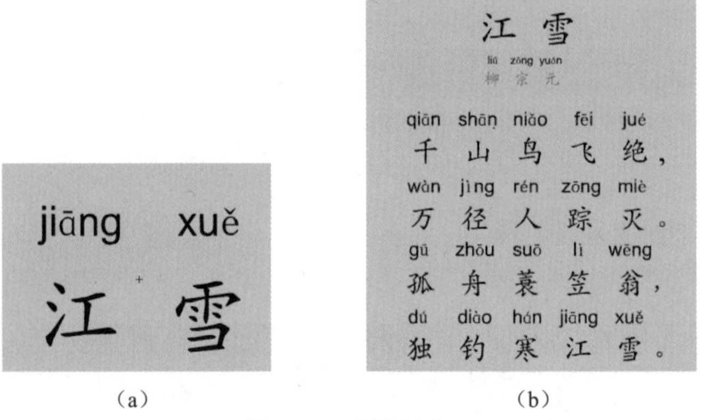

图 8-27 制作诗句

（7）选择【插入】→【新建元件】命令，命名为“古诗”，选取类型为“影片剪辑”。

① 图层 1 命名为“声音”，从库中插入“《江雪》朗诵 .mp3”，根据声音长度在第 324 帧按 F5 键插入帧，选择第 1 帧，在“属性”面板中设置“同步”为“数据流”。

② 在“声音”图层下新建图层命名为“标题”，从库中插入元件“标题”到第 1 帧，位置“x:230，y:-150”，在第 20 帧插入关键帧，将第 1 帧的“标题”实例在“属性”面板中设置大小 800 像素 ×555 像素、Alpha 的值为 0，选择第 1 帧，右击，创建传统补间动画，在第 324 帧按 F5 键。

③ 新建图层，命名为“作者”，在第 35 帧插入空白关键帧，从库中插入元件“柳宗元”，将第 1 帧的“柳宗元”实例在“属性”面板中设置位置为“x:426，y:-105”，在第 55 帧插入关键帧，“柳宗元”实例在“属性”面板中设置位置为“x:227，y:-105”，选择第 1 帧，右击，创建传统补间动画，在第 324 帧按 F5 键。

④ 选择【插入】→【新建元件】命令，命名为“遮罩条”，选取类型为“图形”，使用矩形工具绘制一个黑色遮罩条，如图 8-28 所示。

图 8-28 绘制“遮罩条”

⑤ 回到元件“古诗”中，新建图层，命名为“1”，在第 72

帧插入空白关键帧，从库中插入元件“第一句”，在第 324 帧按 F5 键插入帧。在图层“1”上方新建图层，命名为“遮 1”，在图层“遮 1”上右击，设置为“遮罩层”；在第 72 帧按 F7 键插入空白关键帧，从库中插入元件“遮罩条”，位置为“x:41，y:-55”，使“遮罩条”在诗句的左边；在第 125 帧按 F6 键插入关键帧，位置为“x:226，y:-55”，使“遮罩条”在诗句的上边；选择第 72 帧，右击，弹出快捷菜单，执行【创建传统补间】命令；在第 324 帧按 F5 键。第一句诗从左到右显示。如此方法制作其他三句从左到右显示的动画效果。

注意：诗句的出现与动画速度要与声音配合好。

⑥ 新建图层，命名为“as”，在第 324 帧插入关键帧，按 F9 键打开“动作”面板，输入“stop();”。

（8）制作影片剪辑元件“下雪”。

① 选择【插入】→【新建元件】命令，命名为“雪花”，选取类型为“图形”，使用椭圆工具画出雪花的样子，如图 8-29 所示。

② 选择【插入】→【新建元件】命令，命名为“飘雪”，选取类型为“影片剪辑”。在第 1 层画一条曲线，设置为引导层，新建图层，把库中图形元件“雪”插入场景第 1 帧中，在第 35 帧插入关键帧，选择第 1 帧，创建传统补间动画，做出雪飘下来的效果，如图 8-30 所示。

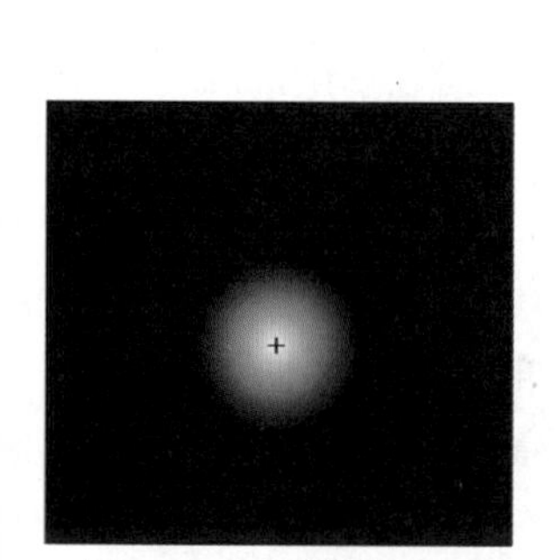

图 8-29　绘制“雪花”

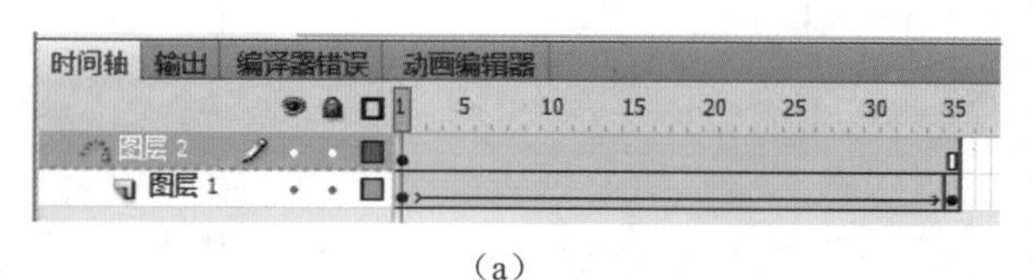

（a）

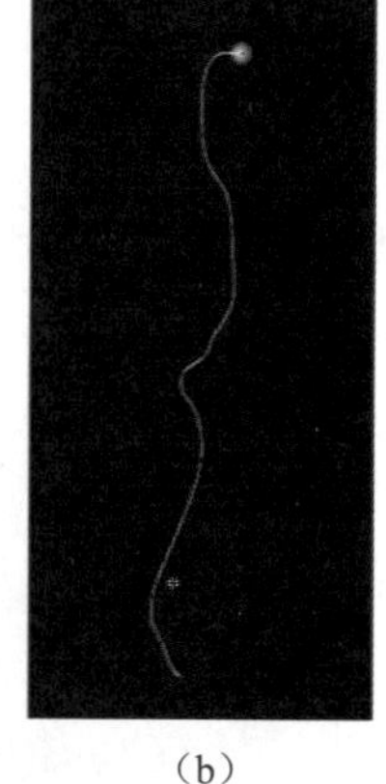

（b）

图 8-30　制作“雪花”飘落

③ 选择【插入】→【新建元件】命令，命名为“下雪”，选取类型为“影片剪辑”。在图层 1 中插入元件“飘雪”，给影片剪辑命名为“xue”，在第 4 帧按 F5 键插入帧。新建图层 2，选择第 1 帧到第 4 帧，按 F7 键插入 4 个空白关键帧。按 F9 键，打开“动作”面板，输入以下代码，效果如图 8-31 所示。

```
第 1 帧输入：  i=1;
第 2 帧输入：
if (i<=25) {
    duplicateMovieClip("xue", "xue"+i, i+1);// 复制影片剪辑 "xue"
    setProperty("xue"+i, _x, random(650));// 设置复制的影片剪辑的 X 轴坐标为随机 650
    setProperty("xue"+i, _y, random(400));// 设置复制的影片剪辑的 y 轴坐标为随机 400
        i++;
} else {
        gotoAndPlay(4);
```

}
第 3 帧输入：　　gotoAndPlay(2);
第 4 帧输入：　　gotoAndPlay(1);

图 8-31　制作元件“下雪”

（9）制作影片剪辑元件“作者简介”。

① 选择【插入】→【新建元件】命令，命名为“作者文字”，选取类型为“图形”。使用文本工具，拖出文本区域，从素材“江雪 .doc”复制作者介绍的文本，粘贴到文本区域中。

② 选择【插入】→【新建元件】命令，命名为“作者简介”，选取类型为“影片剪辑”。设置图层 1 为“遮罩层”，使用矩形工具绘制一矩形，在第 160 帧，按 F5 键；新建图层 2，从库中插入元件“作者文字”，移动到矩形中，设置 Alpha 值为“0”，在第 20 帧插入关键帧，设置 Alpha 值为 100，在第 50、160 帧插入关键帧，将 160 帧文字向上移动到显示出后面的部分。

③ 新建图层，命名为“as”，在第 160 帧插入关键帧，如图 8-32 所示。

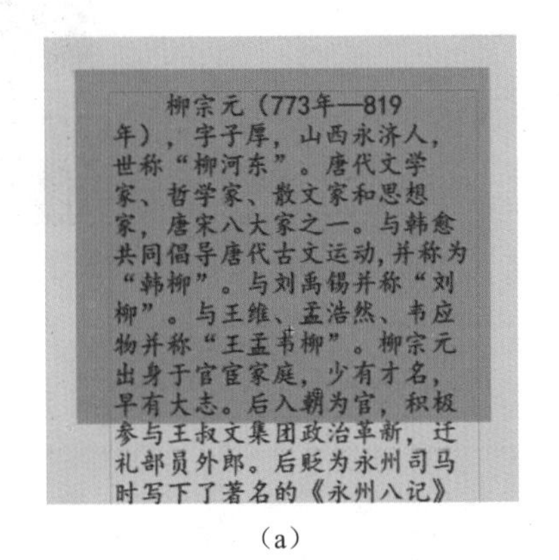

（a）

（b）

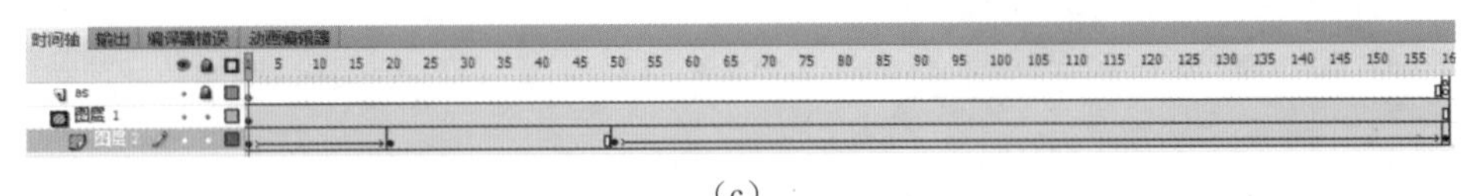

（c）

图 8-32　制作元件“作者简介”

（10）制作影片剪辑元件“字词”。

① 将图层 1 命名为“字词”，使用文本工具拖出文本区域，从素材“江雪 .doc”复制字词注释的文本，粘贴到文本区域中。

② 新建图层 2，命名为“按钮”，执行【窗口】→【公共库】→【按钮】命令，选择“buttons rect bevel”中的“rect bevel blue”按钮，插入场景。双击按钮编辑，将文本图层更改为“译文”，并将元件名更改为“译文按钮”，如图 8-33 所示。

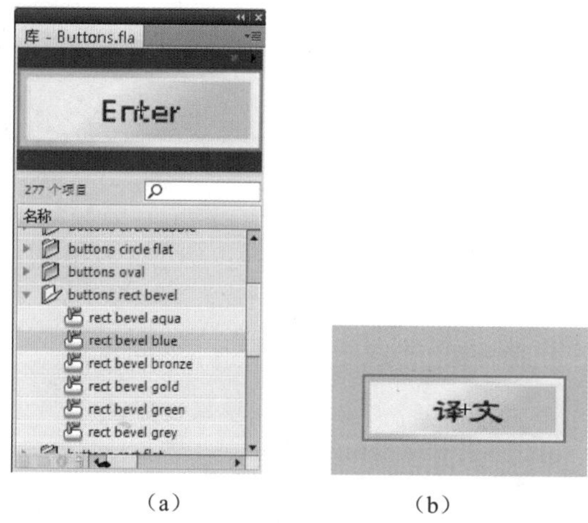

（a）　　　　（b）

图 8-33　制作按钮元件“译文按钮”

③ 选择【插入】→【新建元件】命令，命名为“译文”，选取类型为“图形”，在图层 1 中，使用矩形工具，设置圆角为 10，填充色为绿色，线条色为黑色，绘制一圆角矩形；新建图层 2，使用文本工具，拖出文本区域，从素材“江雪 .doc”复制译文的文本，粘贴到文本区域中，如图 8-34 所示。

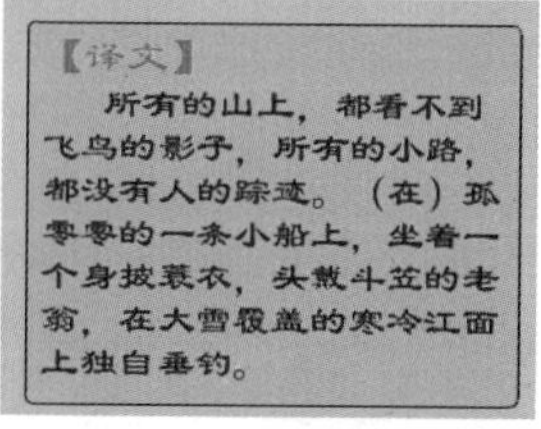
【译文】
所有的山上，都看不到飞鸟的影子，所有的小路，都没有人的踪迹。（在）孤零零的一条小船上，坐着一个身披蓑衣，头戴斗笠的老翁，在大雪覆盖的寒冷江面上独自垂钓。

图 8-34　制作元件“译文”

④ 回到元件“字词”中，新建图层 3，命名为“译文”，从库中将元件“译文”插入场景，在“属性”面板中命名为“yiwen”。

⑤ 新建图层 4，命名为“as”，按 F9 键打开“动作”面板，输入“yiwen._visible=0;”。

⑥ 选择“按钮”图层中的“译文”按钮，按 F9 键打开“动作”面板，输入以下代码。

```
on (rollOver) {
    yiwen._visible=1;
}
on (rollOut) {
    yiwen._visible=0;
}
```

（11）制作影片剪辑元件“赏析”。

① 将图层 1 中使用文本工具拖出一个文本区域，在属性中设置为“动态文本”、“多行”，命名为“shangxi”，从素材“江雪 .doc”复制赏析的文本，粘贴到文本区域中。选择文本区域，执行【文本】→【可滚动】命令。

② 执行【窗口】→【组件】→【按钮】命令，选择 User Interface 中的 UIScrollBar 组件，拖到舞台上。打开“属性”面板，设置参数“_targetInstanceName”的值为“shangxi”，如图 8-35 所示。

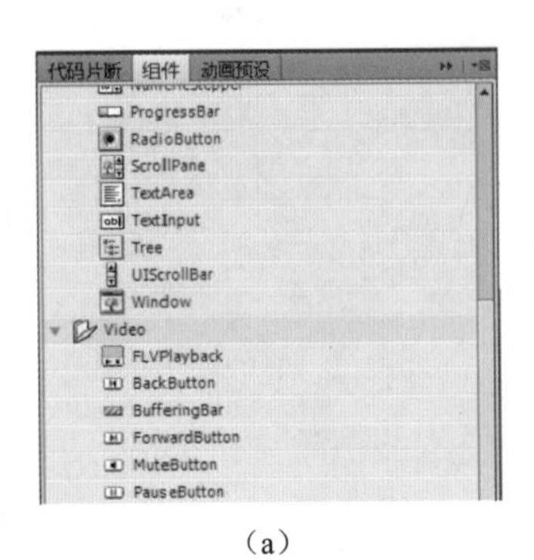

（a）

（b）

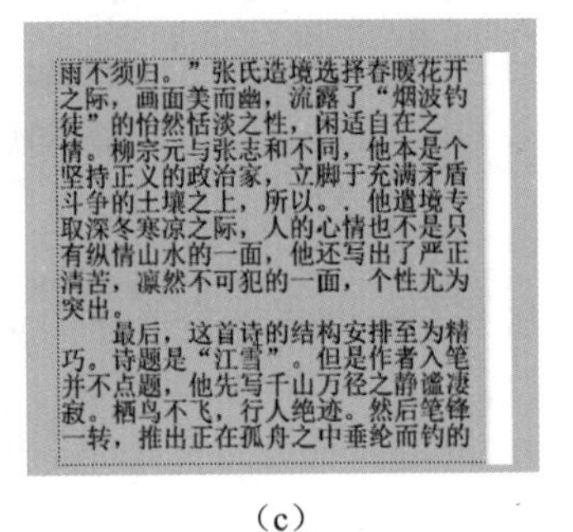

（c）

图 8-35　制作“赏析”动态文本滚动条

（12）制作影片剪辑元件“练习”。

① 将图层 1 中，绘制一笔筒，使用文本工具拖出一个文本区域，在属性中设置为“动态文本”、“多行”，命名为“lianxi”，从素材“江雪 .doc”复制练习的文本，粘贴到文本区域中。选择文本区域，执行【文本】→【可滚动】命令。

② 从库中插入 UISCrollBar 组件，拖到舞台上。打开“属性”面板，设置参数“_targetInstanceName”的值为“lianxi”，如图 8-36 所示。

（13）主场景制作

① 将图层 1 命名为“背景”，打开“库”面板，插入图片“雪景”，在第 6 帧按 F5 键。

② 新建图层，命名为“渔翁”，从库中插入元件“渔翁”和“竿动”，调整大小和位置，如图 8-37 所示。在第 6 帧按 F5 键。

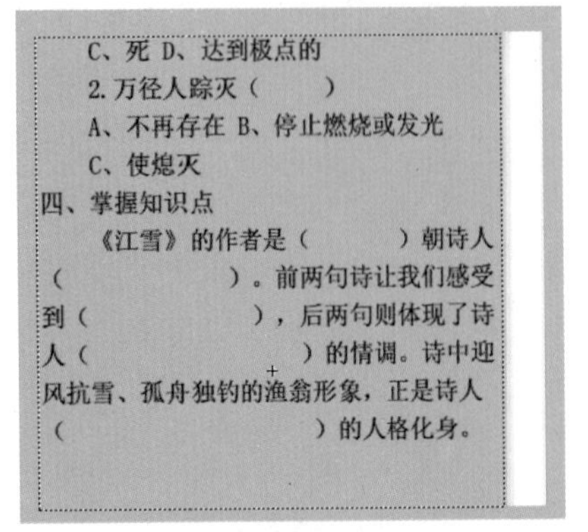

图 8-36　制作“练习”动态文本滚动条

图 8-37　插入“渔翁”

③ 新建图层，命名为“雪”，从库中插入元件“下雪”。在第 6 帧按 F5 键。

④ 新建图层，命名为“按钮”，从库中插入元件“配乐朗诵”、“作者介绍”、“字词解释”、“诗句赏析”、“课后练习”，如图 8-38 所示。在第 6 帧按 F5 键。

⑤ 新建图层，命名为“古诗”，在第 2 帧插入空白关键帧，从库中插入元件“古诗”，在

“属性”面板中命名为“gushi”，在第 5 帧按 F5 键。

图 8-38　插入按钮

⑥ 新建图层，命名为“底纹”，在第 2 帧插入空白关键帧，使用矩形工具，填充色为#FF9933，Alpah的值65%，线条色为无，在舞台右边绘制矩形，如图8-39所示。在第6帧按F5键。

图 8-39　绘制“底纹”

⑦ 新建图层，命名为“作者”，在第 3 帧插入空白关键帧，从库中插入元件“作者简介”。

⑧ 新建图层，命名为“字词”，在第 4 帧插入空白关键帧，从库中插入元件“字词”。

⑨ 新建图层，命名为“赏析”，在第 5 帧插入空白关键帧，从库中插入元件“赏析”。

⑩ 新建图层，命名为“练习”，在第 6 帧插入空白关键帧，从库中插入元件“练习”。

⑪ 新建图层，命名为“声音”，从库中插入“汉宫秋月 .mp3”，在第 6 帧按 F5 键。

⑫ 新建图层，命名为“as”，在第 1 帧按 F9 键，打开“动作”面板，输入“stop();”。

⑬ 给按钮添加动作，输入以下代码。

按钮“配乐朗诵”：

```
    on (release) {
        _root.gushi.gotoAndPlay(1);
        gotoAndStop(2);
}
```

按钮“作者介绍”：

```
on (release) {
    gotoAndstop(3);
    _root.gushi.gotoAndStop(318);
}
```

按钮“字词解释”:

```
on (release) {
    gotoAndstop(4);
    _root.gushi.gotoAndStop(318);
}
```

按钮“诗句赏析”:

```
on (release) {
    gotoAndstop(5);
    _root.gushi.gotoAndStop(318);
}
```

按钮“课后练习”:

```
on (release) {
    gotoAndstop(6);
    _root.gushi.gotoAndStop(318);
}
```

（14）保存为“《江雪》课件.fla”，并测试，如图 8-40 所示。

图 8-40 “《江雪》课件”图层结构

任务 8.3 游戏制作——射击游戏

现如今，Flash 游戏随处可见。它以简单、操作方便、绿色、无需安装、文件体积小等优点被广大游戏者喜爱。随着 Flash 的不断发展和 ActionScript 3.0 的出现，有越来越多的年轻人投身到 Flash 游戏的制作当中，并在整个 Flash 行业中发挥了重要作用。

8.3.1 游戏制作相关知识

1. 游戏的种类

游戏可以分成许多不同的种类。不同种类的游戏在制作过程、所需技术上会截然不同。在 Flash 可实现的游戏范围内，基本上可以将游戏分成以下几种类型。

（1）动作类游戏。凡是在游戏的过程中，必须依靠游戏者的反应来控制游戏中角色的游戏都可以被称为“动作类游戏”。在操作本类游戏时，既可以使用鼠标，也可以使用键盘。目前的 Flash 游戏中，这种游戏是最常见的一种，也是最受大家欢迎的一种。

（2）益智类游戏。主要依靠游戏者动脑筋的游戏都可以被称为益智类游戏。例如，牌类游戏、拼图类游戏、棋类游戏等。相对于动作类游戏的快节奏，益智类游戏的特点就是玩起来速度慢，能够培养游戏者在某方面的智力和反应能力。

（3）角色扮演类游戏。由游戏者扮演游戏中的主角，依照游戏中的剧情来进行游戏，游戏

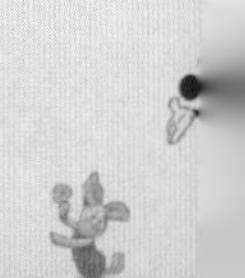

过程中会有一些解谜或者和敌人战斗的情节。这类游戏的制作技术并不难掌握，但是因为游戏规模非常大，所以在制作上会相当的复杂。

（4）射击类游戏。射击类游戏主要是利用碰撞检测来实现游戏效果。这类游戏在 Flash 游戏中占有绝对的数量优势，制作也相对简单。

2．游戏的规划与制作流程

对于多数的初学者来说，容易急于求成，从而导致游戏制作进展缓慢，乃至最终放弃。除了制作者的技术因素以外，主要的一个原因是因为制作者对游戏的制作流程不够熟悉。

（1）构思。在着手制作一个游戏前，必须先要有一个大概的游戏规划或者方案，而不能边做边想。否则，游戏制作过程中浪费的时间和精力会让人不堪忍受。其实，像 Flash 游戏这样的制作规划或者流程并没有想象中那么难，大致设想好游戏中会发生的所有情况，并针对这些情况安排好对应的处置方法，那么游戏制作就会变成一件很有系统的工作。通常情况下，我们可以将游戏构思转化为“流程图”的形式，并逐步细化，如图 8-41 所示。如果有了比较完整的流程图，会使游戏的制作工作更加清晰和顺利。

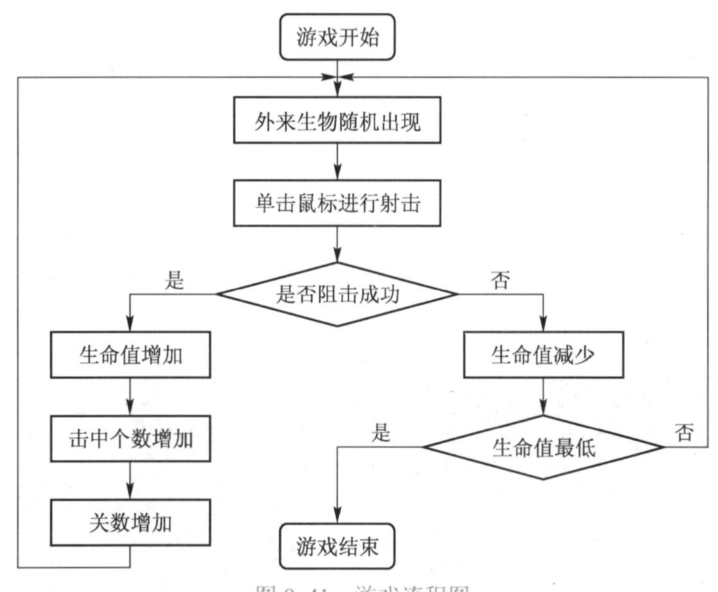

图 8-41　游戏流程图

（2）素材的收集和准备。游戏流程图设计出来后，就需要着手收集和准备游戏中用到的各种素材。包括图片、声音等。图片一般包括两类，一类是在 Flash 中应用很广的矢量图，一类是位图文件。二者各有优势，可以进行互补。而音乐在 Flash 游戏中是非常重要的另一种元素，在游戏中加入适当的音效，可以让游戏更加有声有色，绚丽多彩。准备素材时，应尽量在已有素材上进行改造以达到事半功倍的效果，同时要注意发挥其他软件的长处。例如，Photoshop 在图像处理功能上要远远优于 Flash。图片素材就可以使用 Photoshop 进行处理后，再导入到 Flash 当中。

（3）制作与测试。素材准备好后，就可以正式开始游戏的制作了。制作一个完整的游戏，关键要靠平时学习和积累的经验与技巧，并把它们合理地运用到实际的制作工作当中。这里提供几条简单的建议，相信可以让大家的游戏制作过程更加顺利。

① 分工合作。一个游戏的制作过程是非常繁琐和复杂的，要做好一个游戏，必须要多人互相协调工作。游戏制作的参与者可以根据自己的特长来进行不同的任务，从而保证游戏的制作质量，提高工作效率。例如，美工负责游戏的整体风格和视觉效果，程序员则设计游戏程序。

② 设计进度。游戏的流程图一经确定，就可以将所有要做的工作加以合理的分配。游戏制作开始前，事先设计好进度表，安排好每天完成的任务，然后按进度表进行制作。这样，才不会把大量工作堆在短时间内完成，导致在最后关头忙得不可开交。

③ 多学习别人的作品。平时要多注意别人的游戏制作方法。遇到好的作品，要进行研究和分析。通过这样的观摩，可以总结出不少好的经验，甚至还有自己没掌握的新技术，从而提高自己的游戏制作水平。

游戏制作完成后，需要对其进行测试。测试时，可以通过监视对象和变量的方式，找出程序中的问题。另外，为了防止测试时的盲点，一定要在多台计算机上进行反复测试。参与的人数最好多一点，这样就有可能发现游戏中存在问题，使游戏更加完善。

8.3.2 综合实例：射击游戏

一座繁华的都市，正遭受外来生物的入侵。这是我们的家园，我们要尽最大的努力阻击它们。外来生物共有三种，从画面左侧随机进入。单击鼠标左键对外来生物进行射击，击中后，城市的生命值会有所增加。每当有一个外来生物躲过阻击，到达画面右侧，则城市的生命值相应减少。当生命值减少至最低时，游戏结束。游戏进行和结束时的画面，如图 8-42 所示。

（a）

（b）

图 8-42 游戏进行和结束时的画面

8.3.3 制作过程

（1）新建 Flash 文档，脚本设置为 ActionScript 3.0，文档大小为 600 像素 ×300 像素，帧频为 24。

（2）导入城市背景图片“bg.jpg”和三个外来生物的图片“gw1.gif”、“gw2.gif”、“gw3.gif”，并在声音公用库中选择“Weapon Gun Machine Gun 9mm Single Shot Interior Shooting Range 01.mp3”，添加到当前文档中。

（3）按下组合键“Ctrl+F8”，打开“创建新元件”对话框。命名为 gw1，选取类型为“影片剪辑”，并勾选“为 ActionScript 导出”选项，如图 8-43 所示。本元件共需两个图层，分别为“怪物”和“动作”，如图 8-44 所示。

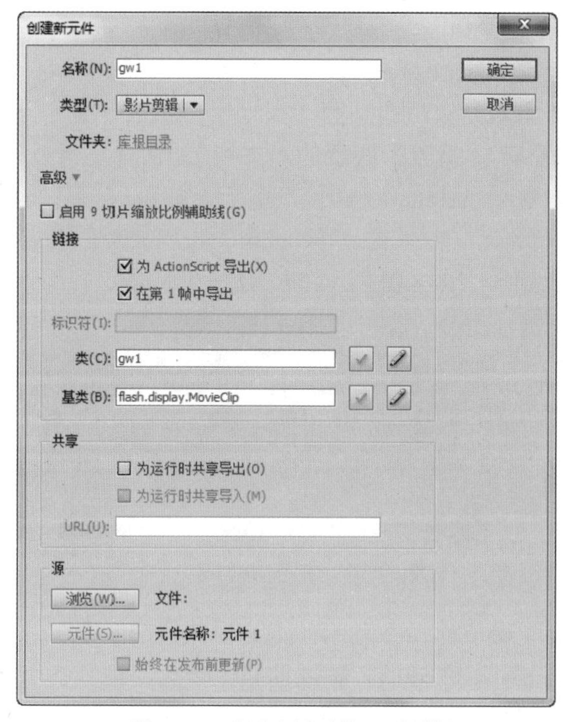

图 8-43 “创建新元件”对话框

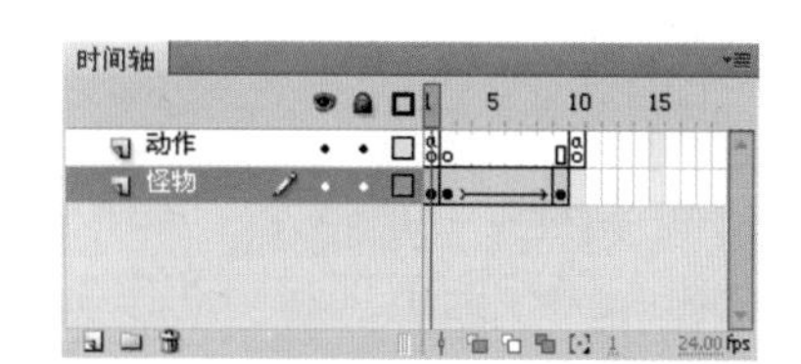

图 8-44 影片剪辑元件 gw1 的时间轴

（4）选择“怪物”图层的第 1 帧，将导入的图片“gw1.gif”拖入舞台，调整到合适大小，并设置其位置坐标为“X：0.00；Y：0.00”。

（5）在“怪物”图层的第 2 帧上插入关键帧，并将对象分离成形状。在第 9 帧上插入关键帧，使用套索工具将形状分为若干份，并拖动到原位置的下方，如图 8-45 所示。在第 2 帧和第 9 帧之间创建补间形状动画，用以实现外来生物被击中后散落的效果。

（6）在“动作”图层的第 1 帧和第 10 帧上，插入空白关键帧，分别添加动作“stop( );”。

（7）按照相同的方法，创建影片剪辑 gw2、gw3。

（8）新建影片剪辑元件 crosshair_mc，同样需勾选“为 ActionScript 导出”选项。本元件共需三个图层，分别为“准星”、“音效”和“动作”，如图 8-46 所示。

图 8-45 将图片分为若干份

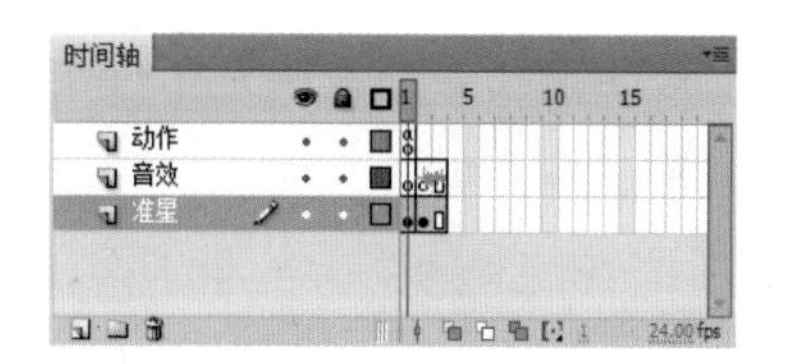

图 8-46 元件 crosshair_mc 的时间轴

（9）在“准星”图层的第 1 帧中，绘制一个准星图案，用以替换鼠标指针。在第 2 帧中，绘制一个爆炸图案，按下鼠标左键射击时将显示该图案。两个图案如图 8-47 所示。

（10）在“音效”图层的第 2 帧上，插入空白关键帧。在该帧上添加库中的音乐“Weapon Gun Machine Gun 9mm Single Shot Interior Shooting Range 01.mp3”，作为射击时的音效。

（11）在“动作”图层的第 1 帧上，添加动作“stop( );”。

（12）新建图形元件 gameovertxt，添加文字“Game Over”，将其设置为“传统文本”。

（13）新建影片剪辑元件 gameover，作为游戏结束时的画面。本元件共需三个图层，分别为“背景”、“文字”和“动作”，如图 8-48 所示。“背景”图层的第 1 帧上，绘制一个大小为 600 像素 ×300 像素的矩形，填充颜色为 #FF0000，Alpha 为 50%，并延伸到第 24 帧。“文字”图层上添加图形元件 gameovertxt，并创建补间动画，实现文字“Game Over”从矩形上方降落到矩形中央的效果。“动作”图层的第 24 帧上插入空白关键帧，添加动作“stop( );”。

图 8-47　鼠标指针替换图案

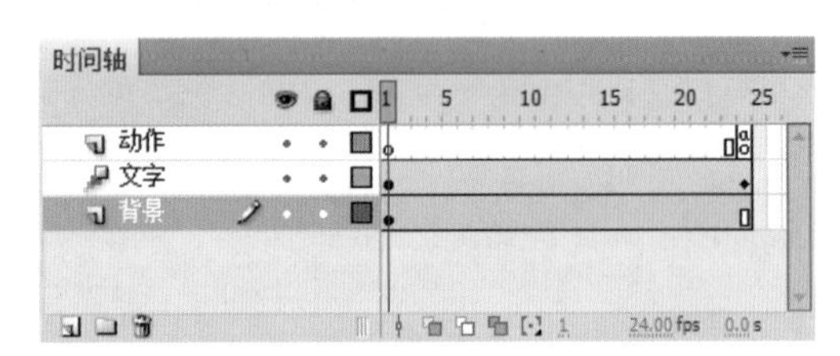

图 8-48　元件 gameover 的时间轴

（14）新建影片剪辑元件 hitPoints，作为生命值的动态显示。本元件共需三个图层，分别为“外框”、“生命值”和“动作”，如图 8-49 所示。“外框”图层的第 1 帧上，绘制一个大小为 300 像素 ×10 像素的矩形，笔触颜色为 #FF0000，无填充颜色，并延伸到第 100 帧。

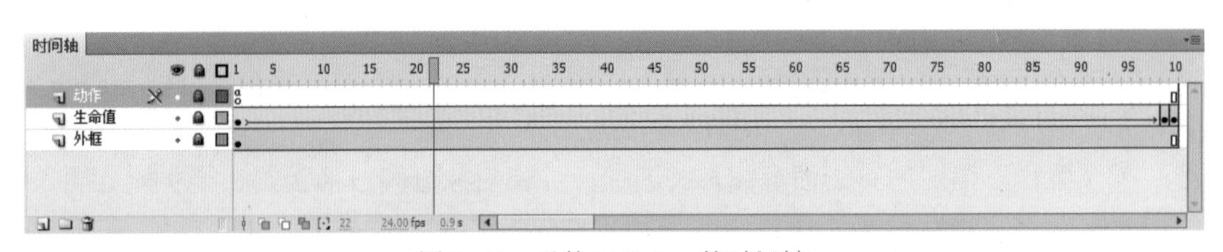

图 8-49　元件 hitPoints 的时间轴

（15）复制该矩形框，选择“生命值”图层的第 1 帧，按下组合键“Ctrl+Shift+V”粘贴到当前位置，并清除笔触颜色，设置填充颜色为 #FF0000。在第 99 帧插入关键帧，将矩形的宽度修改为 5。在第 1 帧和第 99 帧之间创建补间形状动画，用以实现生命值不断减少的效果。

（16）在“生命值”图层的第 100 帧插入空白关键帧，将影片剪辑元件 gameover 拖入舞台，并调整到合适位置。用以实现生命值减到最低时，出现结束画面。

（17）在“动作”图层的第 1 帧上，添加动作“stop( );”。

（18）新建影片剪辑元件 bg，添加图片“bg.jpg”，作为游戏背景的显示。

（19）返回主场景，建立四个图层，分别为“背景”、“生命值”、“信息”和“动作”，如图 8-50 所示。将元件 bg 和 hitPoints 分别放入“背景”、“生命值”图层，并调整到合适位置，如图 8-51 所示。

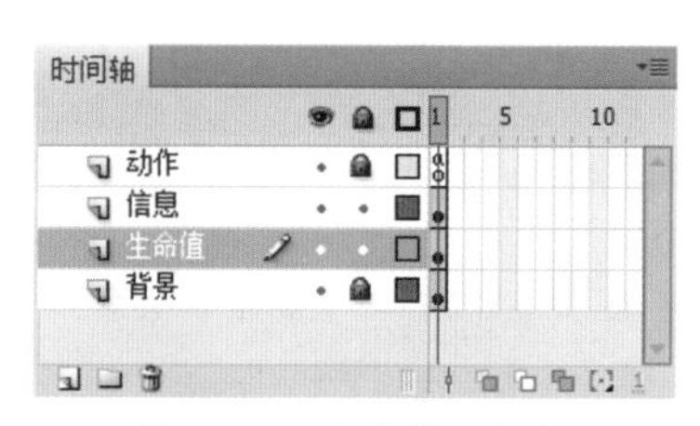

图 8-50　主场景时间轴

图 8-51　游戏背景和生命值

（20）选择“信息”图层的第 1 帧，在生命值上方添加传统动态文本。宽 600，高 20，大小 12 点，段落左对齐，并设置实例名称为“stats”。

（21）在“动作”图层的第 1 帧输入如下 ActionScript 代码。

```
// 定义变量、常量并初始化
var hits:int = 0;                          // hits ： 命中数
var misses:int = 0;                        // misses ： 未击中数
var shots:int = 0;                         // shots ： 射击次数
var level:int = 1;                         // level ： 当前过关数
var xSpeed:Number = 3;                     // xSpeed ： 怪物出现速度初始值
const stageWidth:Number = 600;             // stageWidth ： 舞台宽度
const stageHeitht:Number = 300;            // stageHeitht ： 舞台高度
const levelhits:int = 10;                  // levelhits ： 过关命中数量

// 设置游戏状态初始文字
stats.text = " 射击 :0    命中 :0    逃跑 :0    命中率 :100%    拦截成功率 :100%    level:1";
hitPoints.gotoAndStop(1);

// 从库面板中添加影片剪辑 crosshair_mc 到舞台上，用于准星的显示
var crosshairClip:MovieClip = new crosshair_mc();
crosshairClip.mouseEnabled = false;
addChild(crosshairClip);

// 隐藏鼠标指针
Mouse.hide();

// 当鼠标指针移出舞台以外时，隐藏影片剪辑 crosshairClip，准星不再显示
stage.addEventListener(Event.MOUSE_LEAVE, MouseLeave);
function MouseLeave(Event):void
{
    crosshairClip.visible = false;
}

// 当鼠标指针在舞台上移动时，显示影片剪辑 crosshairClip，并按指针位置更新其坐标位置
stage.addEventListener(MouseEvent.MOUSE_MOVE, mouse MoveHandler);
```

```
function mouseMoveHandler(event:MouseEvent):void
{
    crosshairClip.visible = true;
    crosshairClip.x = event.stageX;
    crosshairClip.y = event.stageY;
}

// 单击鼠标时，如果鼠标在舞台范围内，且游戏没有结束，则增加总的射击次数，并更新游戏状态
stage.addEventListener(MouseEvent.CLICK, mouseClickHandler);
function mouseClickHandler(event:MouseEvent):void
{
    if ((bg.hitTestPoint(event.stageX,event.stageY,false))&&(hitPoints.currentFrame < 100))
    {
        crosshairClip.play();
        shots++;
        updateStats();
    }
}

// 在主时间轴中添加 ENTER_FRAME 事件，用于不断生成新的怪物
stage.addEventListener(Event.ENTER_FRAME, enterFrameHandler);
function enterFrameHandler(event:Event):void
{
    // 在舞台上随机添加新的怪物。关数越高，则出现的频率越快
    if (randRange(0,30 - level) == 0)
    {
        // 从库面板中的 3 个怪物影片剪辑中，随机选取一个添加到舞台上
        var thisMC:MovieClip;
        var gwrandom:Number = randRange(1,3);
        switch (gwrandom)
        {
            case 1 :
                thisMC = new gw1();
                break;
            case 2 :
                thisMC = new gw2();
                break;
            case 3 :
                thisMC = new gw3();
                break;
        }
        // 设置影片剪辑的初始 x 坐标值，使其出现时位于舞台左外侧
        thisMC.x =   -   thisMC.width;
        // 随机设置影片剪辑的初始 y 坐标值，使每次出现的新影片剪辑的垂直位置有所不同
        thisMC.y = Math.round(Math.random() * (stageHeitht-40));
```

```
            //scale为一个60~100之间的随机数，用于控置影片剪辑的缩放、透明度，以保证每次出现的
            影片剪辑有所区别
            var scale:int = randRange(60,100);
            thisMC.scaleX = scale / 100;
            thisMC.scaleY = scale / 100;
            thisMC.alpha = scale / 100;
            // 随机设置影片剪辑的速度，使每次出现的影片剪辑的速度有所不同，且关数越高，速度越快
            thisMC.speed = xSpeed + level + randRange(0,2);
            // 创建一个 ENTER_FRAME 事件，用于更新影片剪辑实例的位置
            thisMC.addEventListener(Event.ENTER_FRAME, gwEnterFrameHandler);
            // 如果游戏没有结束，则创建一个 CLICK 事件，用于单击影片剪辑时，进行相关操作
            if (hitPoints.currentFrame < 100)
            {
                thisMC.addEventListener(MouseEvent.CLICK, gwClickHandler);
            }
            addChild(thisMC);
            // 将准星交换到更高的深度
            swapChildren(thisMC, crosshairClip);
            // 如果游戏已经结束，则将结束画面交换到更高的深度
            if (hitPoints.currentFrame >= 100)
            {
                swapChildren(crosshairClip,hitPoints);
            }
        }
}

// 实时更新影片剪辑实例的位置
function gwEnterFrameHandler(event:Event):void
{
    var gwMC:MovieClip = event.currentTarget as MovieClip;
    // 从左向右水平移动舞台上的影片剪辑
    gwMC.x +=   gwMC.speed;
    // 在一定范围内，改变影片剪辑的 y 坐标值，使怪物能够上下跳动，增加瞄准难度
    gwMC.y +=   randRange(-2,2);
    // 如果影片剪辑移动出舞台后，游戏没有结束，则生命值减少，同时增加逃跑数量，并更新游戏状态，
    同时删除这个实例
    if ((gwMC.x > stageWidth)&& (hitPoints.currentFrame < 100))
    {
        hitPoints.gotoAndStop(hitPoints.currentFrame+5);
        misses++;
        updateStats();
        removeChild(gwMC);
        gwMC.removeEventListener(Event.ENTER_FRAME, gwEnterFrameHandler);
    }
}
```

```
// 当击中怪物时，调用本函数
function gwClickHandler(event:MouseEvent):void
{
    var gwMC:MovieClip = event.currentTarget as MovieClip;
    // 击中怪物，则生命值增加
    hitPoints.gotoAndStop(hitPoints.currentFrame-1);
    // 增加命中数量；
    hits++;
    // 当命中数达到指定数量时，关数增加
    if ((hits%levelhits) == 0)
    {
        level++;
    }
    updateStats();
    // 播放影片剪辑，怪物被消灭
    gwMC.play();
    // 删除该影片剪辑的 CLICK 和 ENTER_FRAME 事件，使怪物在消失过程中不能够被点击，且影片
    剪辑不再继续移动
    gwMC.removeEventListener(MouseEvent.CLICK, gwClickHandler);
    gwMC.removeEventListener(Event.ENTER_FRAME, gwEnterFrameHandler);
}

// 本函数用于统计命中率和拦截成功率，并更新游戏状态
function updateStats()
{
    var accuracy:Number =Math.round((hits/shots)*100);
    var targetsHit:Number =Math.round(hits/(hits+misses)*100);
    stats.text = "射击 :" + shots + "    " + " 命中 : " + hits + "    " +" 逃跑 : " + misses + "    " + " 命中率 : " +
    accuracy + "%" + "    " + " 拦截成功率 : " + targetsHit + "%" + "    " + "level:" + level;
}

// 本函数用于返回两个指定数值之间的随机整数
function randRange(minNum:Number, maxNum:Number):Number
{
    return (Math.floor(Math.random() * (maxNum - minNum + 1)) + minNum);
}
```

（22）保存文档，测试影片。

郑重声明

学习卡账号使用说明

本书所附防伪标兼有学习卡功能，登录“http://sve.hep.com.cn”或“http://sv.hep.com.cn”进入高等教育出版社中职网站，可了解中职教学动态、教材信息等；按如下方法注册后，可进行网上学习及教学资源下载：

（1）在中职网站首页选择相关专业课程教学资源网，点击后进入。

（2）在专业课程教学资源网页面上“我的学习中心”中，使用个人邮箱注册账号，并完成注册验证。

（3）注册成功后，邮箱地址即为登录账号。

学生：登录后点击“学生充值”，用本书封底上的防伪明码和密码进行充值，可在一定时间内获得相应课程学习权限与积分。学生可上网学习、下载资源和提问等。

中职教师：通过收集 5 个防伪明码和密码，登录后点击“申请教师”→“升级成为中职计算机课程教师”，填写相关信息，升级成为教师会员，可在一定时间内获得授课教案、教学演示文稿、教学素材等相关教学资源。

使用本学习卡账号如有任何问题，请发邮件至：“4a_admin_zz@pub.hep.cn”。